新型农民职业技能培训教材

U0272062

果树植保员

培训教程

刘民乾　张俊丽　编著

中国农业科学技术出版社

图书在版编目(CIP)数据

果树植保员培训教程/刘民乾,张俊丽编著. —北京:
中国农业科学技术出版社,2011.6
ISBN 978-7-5116-0455-2

Ⅰ.①果… Ⅱ.①刘… ②张… Ⅲ.①果树—植物保
护—技术培训—教材 Ⅳ.①S66

中国版本图书馆 CIP 数据核字(2011)第 075329 号

责任编辑　张孝安
责任编辑　贾晓红

出 版 者　中国农业科学技术出版社
　　　　　北京市中关村南大街 12 号　邮编:100081
电　　话　(010)82109708(编辑室)(010)82109704(发行部)
　　　　　(010)82109709(读者服务部)
传　　真　(010)82109709
网　　址　http://www.castp.cn
经 销 者　各地新华书店
印 刷 者　北京富泰印刷有限责任公司
开　　本　850mm×1 168mm　1/32
印　　张　6
字　　数　140 千字
版　　次　2011 年 6 月第 1 版　2012 年 6 月第 5 次印刷
定　　价　18.00 元

◀━━◀ 版权所有　翻印必究 ▶━━▶

前　言

　　为了适应"建设社会主义新农村"的需要，为农业生产发展服务，本社特邀请一批种植业、养殖业的专家、教授，编写此套《新型农民职业技能培训教材》丛书，这是为"建设社会主义新农村"办的一件大好事。

　　只有应用科学技术，才能实现农业的发达、农村的兴旺，农民的富裕。进入21世纪以来，面临人口增加、耕地减少的严峻问题，随着社会经济水平的提高，为了满足日益增长的社会需求，我们必须通过调整农业结构，优化农业布局，发展高产、优质、高效、生态、安全的农业，在较少的耕地上生产出尽可能多、尽可能好的农产品。为了达到这一目的，必须扎扎实实地采取多种形式普及农业科学技术，提高农业劳动者素质，发展农业科技生产力。因此，《新型农民科技型人才培训教材》丛书的编写、出版是非常必要的，也是非常及时的。这套丛书以广大农村基层群众为主要对象，以普及当前农业最新适用技术为目的，浅显易懂，价格低廉，真正是一套农民读得懂、买得起、用得上的"三农"力作。相信它一定会受到广大农村读者的热情欢迎。

　　编写丛书的专家、教授们，想农民之所想，急农业之所急，关心农民生活，关注农业科技，精心构思，倾情写作，使这套丛书具有三个鲜明的特点：实用性——以"十二五"规划提出的奋斗目标为纲，介绍实用的种植、养殖方面的关键技术；先进性——尽可能反映国内外种植、养殖方面的先进技术和科研成果；基础性——在介绍实用技术的同时，根据农村读者的实际情况和每本书的技术需要，适当介绍了有关种植、养殖的基础理论知识，让广大农民朋友既知道该怎么做,又懂得为什么要这样做。

本书对果树植保员实用新技术作了全面介绍,主要包括果树植保员的职责与素质、果树植保员基础知识以及对柑橘、苹果、桃、香蕉、葡萄、草莓、梨、李、杏、荔枝、龙眼、石榴、核桃、枣、芒果、山楂、柿、板栗等的病虫害防治技术和果树病虫害的田间调查等方面。作为农业技术培训的重要教材,相信此书会使果树植保员掌握更多的实用技术,成为果树的良医。

作 者

目　　录

2

第一章　果树植保员的职责与素质

果树植保员是指从事预防和控制有害生物对果树及其产品的为害,并保护果树生产安全的人员。果树植保员的基本文化程度应达到初中毕业水平以上;经过培训后,应具备履行岗位职责的基本条件和素质;具有一定的学习能力、计算能力、颜色与气味辨别能力、语言表达和分析判断能力并且手与眼动作协调。

一、果树植保员的职责

第一,严格执行农业法、农业技术推广法、种子法、植物新品种保护条例、产品质量法如与安全使用农药、植物保护、作物病虫草鼠害和有害生物综合防治、农药及药械应用、植物检疫、经济合同相关的法律法规。

第二,进行果树生产调查研究。根据当地果树作物种类和病虫害发生、发展特点,以及当地植保部门发出的病虫测报、有关部门制定的病虫害综合防治方案,进行果树作物病虫害防治,并组织指导果树生产者开展病虫害综合防治工作。

第三,指导当地果树生产者鉴别当地果树主要病虫害种类及其为害,并根据其发生和为害特点,选择适当的方法进行防治。

第四,指导当地农资经销人员,销售有针对性的农药和施药器械;指导当地果树生产者辨别农药、正确用药以及安全用药,增强安全意识,防止人、畜农药中毒;妥善保管农药和处理农药包装物,防止农药和农药包装物污染。

第五,正确施救农药中毒者,正确判别农药为害,施用对人、畜有毒的农药时应及时、明确地告知。

第六，对果树生产者进行当地果树主要病虫害及其防治、农药及其安全使用的基础知识与实用技术的培训。

二、果树植保员的素质

(一)思想素质

果树植保员要对自己的岗位有兴趣和责任心，把与果树病虫害做斗争作为自己的事业，要有进取心；努力学习，刻苦钻研，不仅向书本学、向他人学，还要向生产实际学，深入果树生产实际调查研究，了解和掌握当地果树病虫害发生、为害特点和规律，不断提高职业技能素质和职业道德水准。

(二)职业技能素质

1.能进行预测预报　通过田间调查，能识别当地果树主要病虫草鼠害和天敌，能进行常发性病虫发生情况调查，对调查结果能进行简单的计算和数据整理，并能及时、准确地传递病虫测报信息。

2.能实施综合防治措施　能读懂综合防治方案并掌握关键点，能利用抗性品种和健身栽培措施防治病虫，能利用灯光、黄板和性诱剂等诱杀害虫。

3.能正确使用农药(械)　能根据农药施用技术方案，正确备好农药(械)，能辨别常用农药的外观质量，能按药、水(土)配比要求配制药液或毒土，能正确施用农药，能正确使用手动喷雾器，能正确处理清洗药械的污水和用过的农药包装物，并按规定正确保管农药(械)。

第二章 果树植保基础知识

我国地域辽阔,自然环境条件复杂,果树种类及其相关病虫害种类繁多。据有关资料显示,在我国主要栽培的 30 余种果树中,病害种类就高达 736 种,其中严重为害的达 60 余种;虫害种类 546 种,其中严重为害的达 40 余种。果树病虫害的广泛发生,制约了果树生产能力的提高和产品数量的增加,降低了果品的内在品质和外在的商品属性。因此,加强对果树病害、虫害及其发生规律、防治方法等基础知识的学习,增强生产者对果树病虫害的重点辨识能力与综合防治能力,对发展现代果品产业具有十分重要的意义。

一、果树病害基础知识

果树由于受到病原生物或不良环境条件的持续干扰,当干扰强度超过了果树能忍耐的程度,果树正常的生理机能就会受到严重影响,在生理上和外观上表现出异常,并造成经济上的损失,这种偏离了正常状态的果树就是发生了病害。

引起果树病害的原因称之为病原,病原有生物性病原和非生物性病原之分。其中生物性病原主要有真菌、细菌、病毒、线虫、寄生性种子植物五大类,它们被称为病原生物,简称病原物;非生物性病原包括一切不利于果树正常生长发育的气候、土壤、营养、有害物等因素。

(一)果树病害种类

果树病害种类由于病原的不同可以分为两大类:传染性病害

和非传染性病害。

1. **传染性病害** 病原生物叫作寄生物,被寄生的植物(果树)叫寄主,也可习惯称为寄主植物。凡是由病原生物引起的果树病害都能相互传,所以称传染性病害或侵染性病害,也称寄生性病害。果树常见的传染性病害种类有:

(1)枝干病害:干腐病、腐烂病等。

(2)叶片病害:褐斑病、霜霉病、灰斑病、圆斑病、斑点落叶病、白粉病、花叶病等。

(3)根部病害:根朽病、圆斑根腐病、紫纹羽病、白绢病等。

(4)果实病害:炭疽病、轮纹病、黑星病、白腐病、褐腐病、霉心病、锈果病等。

2. **非传染性病害** 由一切不利于果树正常生长发育的气候、土壤、营养如有害物等非生物因素引起的果树病害称为非生物性病害。此类果树病害是不能相互传染的,故称为非传染性病害或非侵染性病害,也称为生理性病害。果树常见的非传染性病害种类有:

(1)枝梢病害:抽条、枝枯、裂纹等。

(2)叶部病害:小叶病、黄叶病、叶枯等。

(3)根部病害:肥害、冻害,水分过多引起的沤根、根枯、死根等。

(4)果实病害:霜环病、水心病、苦痘病、虎皮病、缩果病、果锈、日烧等。

3. **传染性病害和非传染性病害的关系** 传染性病害大多会削弱果树对非传染性病害的抵抗能力,如落叶病害不仅引起果树提早落叶,也使果树更容易遭受冻害和霜害。非传染性病害使果树抗病性降低,利于传染性病原的侵入和发病,如冻害不仅可以使细胞组织死亡,还往往导致果树的生长势衰弱,使许多病原生物更易于侵入。加强果树的栽培管理,改善其生长条件,及时防治病害,可以减轻两类病害的恶性互作。

(二)果树病害症状

果树生病后所表现的病态称之为植物病害症状。症状又可分为病状和病症。病状是指果树得病后其本身所表现的不正常状态,如变色、斑点、畸形、腐烂和枯萎等;病症是指引起果树发病的病原物在病部的表现,如黑色、霉层、小黑点、粉状物、霉状物、菌核、菌脓等。果树发生病害迟早都会表现有病状,但不一定表现病症。例如,植物病毒是寄生在寄主(果树或果实)细胞内寄生物,所以只有病状,而不产生病症。

(三)病害发生规律

果树以病毒、细菌、真菌、线虫为病原的传染性病害发生时,首先出现发病中心,然后向四周扩散与蔓延;而非传染性病害恰恰相反,往往呈块状、片状地发生。两者亦有可能相互影响,交叉发生。

二、果树虫害基础知识

在果树上寄生或果树下土壤中潜伏的农业害虫,称为果树害虫,它们严重影响果树的高产、稳产和果实品质的提高。据统计,每年全球因虫害造成的农业经济损失高达数百亿美元,因此辨识果树害虫并及时有效地防治,是果树生产的重要任务之一。

(一)虫害种类

为害果树的昆虫种类较多,数量较大。按其口器类型可分为咀嚼式害虫和刺吸式害虫两类;按害虫的为害部位可以将其分为食叶类、蛀茎类、食根类等;按为害昆虫自身特征,又可将其分为鳞翅目、同翅目、鞘翅目、膜翅目和蜱螨目等。

(二)虫害症状

咀嚼式口器害虫的为害在果树上可造成缺刻、空洞和组织破碎,如葡萄天蛾造成叶片缺刻、桃红颈天牛造成桃树空洞、苹小食心虫蛀食苹果造成虫孔、香蕉弄蝶卷食蕉叶造成叶面组织破碎等被害症状;刺吸式口器害虫如蚜虫、红蜘蛛、介壳虫等刺吸果树嫩叶或嫩梢后会出现萎蔫、失绿、黄斑、黑斑,甚至全株枯死等被害症状。

(三)虫害发生规律

果树虫害一般在春、夏生长季节为害严重,秋、冬季多开始以卵、蛹等虫态蛰伏,为害减轻;一般在干旱年份或暖冬年份虫害发生较重,并且一些刺吸式口器害虫如叶蝉、飞虱等直接为害的同时还传播病毒性病害。

三、果树病虫害防治方法

果树病虫害防治经历了一个漫长的发展过程,在不断探索、改进、总结的基础上,形成了目前普遍采用的植物检疫防治、农业防治、生物防治、物理防治、化学防治等五类基本方法。这五类基本方法在病虫防治上都各具优点,但也存在一定的局限性,因此在生产实践中常常采用的是将五类方法优化组合、协调运用的综合防治方法。

(一)植物检疫防治

植物检疫防治方法也称法规防治方法。它是由国家或地方政府颁布的条例或法规、法令对植物(果树)及其产品,特别是苗木、接穗、插条、种子等繁殖材料进行管理和控制,有效地防止外来检疫对象和危险性病、虫、草的传入和带出,以及在国内的传播蔓延,是国家保护农业生产的一项根本性措施。事实表明,很多果树病虫害都是通过苗木、接穗调运进行远距离传播的,如美国白蛾、苹果棉蚜等。因此,各产果区必须严格遵守植物检疫法规,认真搞好产地及调运过程中的植物检疫工作,防止调入带检疫性病虫的苗木和接穗。同时,发现疫情应及时上报,努力做好疫情控制工作,把为害损失降到最低限度。

国家和地区根据保护农业生产的实际需要和病、虫、杂草发生特点而确定检疫对象,组织力量进行普查或专题调查,并根据调查结果划定疫区、保护区;对进出口或国内调运的种苗和农产品应进行检疫,合格者发给植物检疫证书,不合格者且无法消毒者禁运。

(二)农业防治

农业防治法是在果树栽培过程中,利用和改进各项农业技术措施,有目的地改变病原微生物和果树害虫的生活条件和环境条件,创造有利于果树生长发育的有利条件,使其不利于病、虫、草害发生的防治方法。如秋、冬季清理翻耕果园不但能消除杂草,增进肥效,积蓄水分,而且可以消灭在土中越冬的蛴螬、蚱蝉等部分蛹、幼虫和成虫;结合春、夏季的修剪除去病虫枝并集中烧毁,可以使果树通风透光良好,枝梢生长健壮,还可以减少病、虫、草害的发生。这些都是行之有效的农业控制方法。

1. **农业防治的优点和缺点**　农业防治法在大多数情况下是结合果树栽培管理进行的,不需额外投入人力、物力和财力,可达到推迟和减轻病虫为害、作用相对持久的效果。同时由于减少了化学农药的使用量,从而避免果树害虫产生抗药性、污染环境以及杀伤有益农业昆虫等不良影响。它具有经济实用、操作简便等优点,但在实际运用中也存在一定的局限性,如对果树病虫害的防治作用表现缓慢,防治效果不如化学防治效果快。

2. **农业防治的主要措施**

(1)选育推广果树抗性品种:增强果树抗病、抗虫和抗逆能力。

(2)耕作制度的改进和创新:在果园实行合理间作、套作和轮作,从而改变果园环境条件,控制和减少食性专一和比较单纯的病虫害发生数量。

(3)加强果园管理:使其有利于果树的生长发育,而不利于害虫的发生和发展。

(4)整地施肥:改变土壤理化性状和肥力水平,增强果树抗病虫能力,恶化土壤中病原物和潜伏害虫的生存条件。

(5)在果树发展区兴修水利:在改善农田、果园灌溉条件的同时,必然引起生物群落的剧烈震荡,改变或破坏某些害虫的适生环境,从而抑制虫害的发生、发展。

(三)生物防治

生物防治是利用自然界一些有益生物来抑制或消灭果树病虫害的一种防治方法。它包括以虫治虫、以菌治虫、以菌治菌等多种内容。果园生态条件比较稳定,开展生物防治有很多有利条件。在认真调查昆虫种群和病害种类的条件下,积极开展保护和利用(引进)天敌,以及运用相克的菌群防治病、虫都是可行的。生物防治具有自然、环保、经济等很多优点,但也有其局限性,必须与其他防治措施相结合,正确处理生物防治与化学防治的矛盾,纠正重用、乱用违禁农药和广谱性农药的问题。

1. 生物防治的生物种类　在自然界里,可以用来作为生物防治的有益生物有三大类:

(1)捕食性生物:包括草蛉、瓢虫、螳螂、步行虫、畸螯螨、钝绥螨、蜘蛛等虫类和山雀、灰喜鹊、啄木鸟等食虫鸟类以及捕食果园鼠类的黄鼬、猫头鹰、蛇等。

(2)寄生性生物:包括寄生蜂、寄生蝇等。

(3)病原微生物:包括真菌、细菌、病毒和能分泌抗生物质的抗生菌等。

2. 生物防治的主要方法　生物防治的主要方法包括4种:利用天敌防治,利用作物对病虫害的抗性防治,利用耕作方法防治,利用不育昆虫和遗传方法防治等。

(1)利用天敌防治:利用天敌防治有害生物的方法,应用最为普遍。每种害虫都有一种或几种天敌,能有效地抑制害虫的大量繁殖。一是如保护和利用大红瓢虫和澳洲瓢虫捕食吹绵蚧;利用日本方头甲、整胸寡节瓢虫捕食矢尖蚧;利用草蛉、小黑瓢甲、捕食螨可以捕食红蜘蛛;利用异色瓢虫、食蚜蝇可捕食蚜虫;利用啄木鸟捕食天牛、吉丁虫幼虫等;二是如利用赤眼蜂、寄生蝇防治毛虫、卷叶蛾等多种害虫;利用花角蚜、黄金蚜小蜂防治矢尖蚧等害虫;三是如应用白僵菌(真菌)防治毛虫等鳞翅目害虫;利用苏云金杆菌各变种制剂(细菌)防治卷叶蛾和风蝶幼虫等多种林木害虫;用病毒粗提液(病毒)防治蜀柏毒蛾、松毛虫、卷叶蛾;用5406(抗生菌)防治苗木立枯病;用多抗霉素(农用抗生素)防治苹果斑点落叶病;用泰山1号(线虫)防治天牛等。

(2)利用果树对病虫害的抗性防治:果树的抗性表现为忍耐性、抗生性和无嗜爱性。忍耐性是植物虽受到有害生物侵袭,仍能保持正常产量;抗生性是植物能对有害生物的生长发育或生理机能产生影响,抑制它们的生活力和发育速度,如使雌性成虫的生殖能力减退等;无嗜爱性是植物对有害生物不具有吸引能力。选育具有抗性的果树品种防治病虫害已经取得不小进展。

(3)利用耕作方法防治:耕作防治就是通过果树栽培管理制度和措施,如园土翻挖、灌溉施肥、修枝整形等方式,改变果园生态环境,减少有害生物的发生。

(4)利用不育昆虫和遗传方法防治:不育昆虫防治是搜集或培养大量有害昆虫,用 γ 射线或化学不育剂使它们成为不育个体,再把它们释放出去与野生害虫交配,使其后代失去繁殖能力。遗传防治是通过改变有害昆虫的基因组成,使它们后代的活力降低,生殖力减弱或出现遗传不育。此外,利用一些生物激素或其他代谢产物,使某些有害昆虫失去繁殖能力,也是生物防治的有效措施。

(四)物理防治

物理防治法是利用物理因素(光照、温度、颜色等)以及人工、机械设备来防治病虫害的措施。它基于在充分掌握果园害虫对环境的各种物理因子如光照、温度、颜色等的反应和要求之后,利用其生理特点来诱集消灭害虫,以及利用热力、低温、核辐射等杀灭或抑制病害。该法收效迅速,可作为虫害大量发生时的应急措施和病虫害检疫时的辅助措施。

1. 物理防治病害的主要方法

(1)热力治疗法:利用热力处理感染病毒的植株和无性繁殖材料是生产无病毒种苗的重要方法。它又分为热水处理法和热空气(蒸气)处理法,后者因处理效果较好且对植株伤害较小而成为防治苹果、桃、梨、草莓等水果病毒病害的常规措施。如柑橘苗木和接穗用49℃热空气处理50分钟,对治疗黄龙病效果颇佳;又如干果类产品经日光照射、充分干燥后,可避免真菌和细菌的侵染。

(2)低温处理法:低温处理是水果保鲜和干果贮藏控制病害的常用方法之一。虽然不能杀死病原物,但可抑制病原物的生长和侵染。

此外,还有核辐射处理法用于果实贮藏的保鲜灭菌;微波处理法用于植物检疫,处理旅客随身携带或少量邮寄的种子和水果等。

2. 物理防治虫害的主要方法

(1)人工捕捉法:由于果树病虫害的一些特殊性,如很多病虫在果树老皮裂缝中越冬,有些害虫群集为害,因此人工防治仍为一不可忽视、值得推荐的手段。如用铁丝钩捕果园中的天牛幼虫,人工摘除尚未分散的舟形毛虫、天幕毛虫和山楂卷粉蝶的虫巢,人工剪除梨瘤蛾越冬枝梢,以及摇树振枝,将夜蛾类幼虫震落而集中消灭等,都是行之有效且经济无副作用的防治措施。只要细心彻底,完全可以控制果园为害,避免损失。

(2)灯光诱杀法:果园害虫的许多成虫都具有趋光性,利用这一特性诱杀害虫现已普遍采用。用高压汞灯诱杀害虫的种类多、范围广,效果较好。

(3)障碍阻隔法:根据果园害虫的生活习性,设置各种障碍物,如防虫网、果树套袋、树干刷白等防止其为害或阻止其蔓延。这一方法在农业发达国家和地区早已广泛运用,其防虫效果良好。

此外,还有声控法、高低温处理法、辐射处理法、微波处理法等已开始运用于果实贮藏、检疫和防治实践中。

(五)化学防治

运用有毒化学物质(即农药)来防治植物病虫害的方法叫做化学防治方法,也称药剂防治方法。农药包含杀虫剂、杀螨剂、杀菌剂、杀线虫剂、除草剂、杀鼠剂和植物生长调节剂等七大类,用其防治果树病虫害具有高效、速效、特效等优点。在可以预见到的将来,使用化学农药和病虫害作斗争仍是植保工作的重要手段,但化学农药的不合理使用对水源、土壤、大气环境会造成严重污染,对害虫天敌造成伤害,对人畜安全构成威胁,也提高了农业种植成本。同时,单一使用农药防治还会导致病虫产生抗药性,反过来还会造成病虫害的再猖獗。我们必须安全用药、科学用药,以最大限度地发挥化学农药防治病虫害的作用,并把对生态环境和生态系统的影响、对人及其他生物的副作用降到安全允许值以内。

1. 常用农药的使用方法　利用农药防治病虫害其效果的好坏,除与所选农药品种密切相关外,还和使用方法的选择得当与否有很大的关系,常用农药的使用方法包括喷雾法、喷粉法、种子种苗处理法、毒饵法、撒施法、土壤处理法、熏蒸法、涂抹法等。在果园生产中喷雾法、种子种苗处理法、涂抹法应用较为广泛。各种方法都有其优点,但也存在缺陷,因此在生产实践中要根据病虫害发生的规律和特点,权衡利弊,尽量将几种方法结合使用,才能充分发挥化学农药防治病虫害的最佳效果。

2. 禁止使用的化学农药

(1)国家明令禁止使用的农药:六六六、滴滴涕、毒杀芬、二溴氯丙烷、除草醚、杀虫脒、艾氏剂、狄氏剂、汞制剂、铅制剂、胂制剂、敌枯双、氟乙酰胺、氟乙酸钠、甘氟、毒鼠强、毒鼠硅。

(2)禁止在蔬菜、果树、茶叶、中药材上使用的农药:甲胺磷、甲基对硫磷、对硫磷、久效磷、甲拌磷、磷胺、甲基异柳磷、特丁硫磷、甲基硫环磷、硫环磷、治螟磷、内吸磷、克百威、涕灭威、灭线磷、蝇毒磷、地虫硫磷、氯唑磷、苯线磷。

3. 不宜使用的化学农药　果树对某些农药很敏感,即使在微量的情况下,也会发生药害,轻者会使果树出现落叶、落花、落果,重者将导致植物死亡。

(1)敌百虫、敌敌畏:猕猴桃、核果类果树特别敏感,不可使用。

(2)乐果:猕猴桃特别敏感,忌用。柑橘、桃、李、枣对稀释倍数小于 1 500 倍的药液敏感,使用时应先做试验,以确定安全使用浓度。

(3)稻丰散:可防治柑橘等果树的病害,但桃、葡萄对该药敏感,应慎用。

(4)炔螨特:在梨树上使用会发生药害。柑橘新梢期使用,稀释浓度不可低于 2 000 倍。

(5)肼制剂(退菌特、福美肼等):核果类、猕猴桃、柑橘和梨的某些品种敏感,不宜使用。柿树应在 6 月以后使用。

(6)2,4-D 丁酯、二甲四氯:所有果树对这两种药剂都很敏感,应禁止使用。

(7)草甘膦、百草枯:均为灭生性除草剂,所有果树都敏感,只可用于果园行间定向喷雾除草。

(8)波尔多液:桃、李生长季节对其敏感,禁止使用。制波尔多液石灰与硫酸铜之比低于倍量式时,梨、杏、柿易发生药害;高于等量式时,葡萄等浆果类品种易发生药害。

(9)石硫合剂:桃、李、葡萄、梨等果树的幼嫩组织易发生药害,故生长季节不能使用。

(六)综合防治

综合防治是从农业生产的全局或农业生态的总体观点出发,创造不利于病害发生为害而有利于植物生长发育和有益生物生存、繁殖的条件,因地制宜、综合应用植物检疫和农业、生物、物理、化学等防治措施控制病虫害的综合为害。经济、安全、有效地把病虫害控制在不能造成为害的程度,同时,把整个农业生态系统内的有害毒副作用减少到最低限度。果树病虫害的综合防治应注意以下几个方面的问题：

1. 加强栽培管理措施　加强栽培管理是最根本、最经济的办法，可提高树体的抵抗力，并能有效控制侵染。合理施肥和排灌，可增强树势，减少病虫害发生；搞好果园卫生，及时查找和剪除病虫枝梢，摘除病果、虫果等，可减少侵染源。

2. 抓好最佳时期及时防治　在害虫抵抗力弱、暴露最明显或虫体群居的时期进行防治，效果最好。以预测预报为基础，依据害虫的发生规律抓住防治的关键时期。如梨木虱在若虫的孵化盛期，若虫集中且未分泌黏液，药液可直接接触虫体，此时防治，杀虫率最高。

3. 科学合理地使用农药　由于果农在防治病虫害时长期用药单一，多种果树病虫产生了明显的抗药性，广谱农药防治病虫害的效果下降，因此要提倡科学使用农药，不使用违禁农药。

（1）交替使用农药：用没有施过或互抗性的药剂交换使用，以提高防治效果。例如，为防梨黑星病，第一次可在早春喷洒退菌特，第二次喷洒苯醚甲环唑，第三次喷洒氟硅唑。这样，前期选用杀菌力强的退菌特，后期选用治疗性的苯醚甲环唑、氟硅唑，提高了防治效果。

（2）混合使用农药：混合使用理化性质相近的农药，可提高防治效果，并可起到兼防多种病虫的效果，如杀虫剂间或与杀菌剂混用等。

（3）农药中添加增效剂和黏附剂：一般常用的增效剂有有机硅、增效散等；黏附剂用柔水通等。通过添加增效剂和黏附剂，可提高对病虫害的防治效果。

4. 提高农药喷洒质量　农药喷洒质量的高低直接关系到病虫害的防治效果。在喷药时应确保果树叶片正反两面，树冠内外上下，包括树干都要喷洒细致周到，防止因漏喷而致病虫漏网。

5. 实行区域性联防联治　目前，果园大多都是以户为单位分散经营,独立管理。因此对集中连片的果园,果农间应进行联防联治,在一定时间内统一喷药。这样才能减少区域内由于一户防治但另一户不治而造成病虫害再侵染、再传播的现象,避免重复防治带来生产成本的增加。

四、果树病虫害防治时期

(一)春季防治

入春后,随着气温的逐渐回升,植株生长,树液流动,腐烂病开始扩展蔓延,各种越冬休眠的果树病虫也开始活动繁殖。春季果树的主要病害有白粉病、根腐病和褐斑病等;虫害主要有叶螨类、蚜虫、介壳虫、金纹细蛾、卷叶蛾和金龟子等。此时加强对果园病虫害的综合防治是全年防治的关键。

1.加强管理,增强树势 平衡施肥,增施有机肥和磷、钾肥;合理修剪,控制果树负载量,避免造成大小年现象;果园灌水,树干涂白,防止倒春寒冻害发生;果园种草,改善果园生态环境,为天敌提供适宜栖息的场所,增加天敌种群数量。

2.结合修剪,全面清园 仔细剪除病虫树梢、病僵果,刮除粗老翘皮,刮除树缝、树洞、剪锯口、病虫伤疤边缘等处的越冬害虫,清除枯枝落叶,集中带出园外,将其深埋或烧毁,减少越冬病虫源。对剪锯口及时涂蜡或涂药保护,药剂可用 45%代森铵水剂 100～200 倍液。

3.彻底检查,复壮病树 彻底检查和刮治腐烂病病斑、枝干轮纹病病瘤,刮后用 45%代森铵水剂 50 倍液或 5%菌毒清 50 倍液或腐无敌 200～300 倍液涂抹伤口,然后用塑料薄膜包扎;对腐烂病及时采用桥接、脚接的方式复壮病树。

4.抓住时机,杀灭病虫 果树萌芽至开花前,用 3～5 波美度石硫合剂或 45%石硫合剂晶体 40～60 倍液全园喷雾,可杀死 90%以上的红蜘蛛和在芽中越冬的白粉病、落叶病等菌源孢子,还可以防治金龟子、蚜虫和卷叶虫以及控制腐烂病等。棉蚜、介壳虫严重的选用95％机油乳剂50～60倍液或40％毒死蜱1 000～1 500倍液喷洒全树，杀灭越冬病菌，兼治越冬螨类、蚜虫等害虫。花后10～15天内可喷1∶4∶20的波尔多液(即1千克硫酸铜、4千克生石灰、20千克清水)或喷40％多菌灵、退菌特600～800倍液，能防治多雨、高温易发生的落叶病、炭疽病和褐斑病。开花后1个月内严禁使用水胺硫磷和敌敌畏。

(二)夏季防治

夏季是大部分果树的生长旺季，同时也是各种食叶害虫猖獗的时候，更是叶片病虫害易感染时期。及时搞好夏季果树病虫害的防治，对果树的高产、优质、高效极为重要。这一时期为害果树的病虫主要有：早期落叶病、轮纹病、炭疽病、苹果树腐烂病、桃小食心虫、山楂叶螨、金纹细蛾、介壳虫、梨黑星病、梨木虱、梨黄粉蚜等，需采取综合防治技术加强防治，保护好叶片和果实。

1. 加强农业防治，增强果园树势 夏季果树枝叶生长茂盛，树冠郁闭、通风透光条件差、栽培管理粗放、树势衰弱的果园，为各种病虫提供了孳生条件，利于病虫害流行。因此，要改善园内通风透光条件以保护叶片和果实，注意排涝和压青，施用有机肥增强树势以增强树体对病虫害的抵抗能力。

此外，要剪除果园病虫枝梢，摘除食心虫虫果，带出果园集中烧毁或深埋；利用性引诱剂诱杀桃小食心虫、苹小卷叶蛾、金纹细蛾、梨小食心虫等。

2. 运用物理措施，阻隔捕杀病虫 采用果实套袋，阻隔防范果园病虫；检查树体枝干虫害，刮除天牛幼虫，人工捕捉成虫；设置灯光诱杀，扩大灭虫范围和种类。

3. 实施药剂防治，控制病虫为害 根据果园病虫发生情况对症适时用药。在7月下旬或8月上旬，对果树可喷施1次杀虫杀螨剂，用药种类为：1.8％虫螨杀星1 500～2 000倍液，或20％哒螨灵可湿性粉剂 4 000～5 000 倍液,或 40％毒死蜱乳剂 1 500 倍液加 40％炔螨特乳剂 1 500～2 000 倍液,主要防治刺蛾、毛虫类、红蜘蛛、叶片穿孔病等;发现枝干害虫蛀孔,用稀释 50 倍的敌敌畏药棉或药泥填塞蛀孔熏杀;喷波尔多液或多菌灵、退菌特等可防治各种叶、果病害。

(三)秋季防治

1.灭杀初秋害虫　入秋后随着温度的逐渐下降,红蜘蛛等螨类对果树的为害开始回升,要根据虫情及时防治。秋季后期螨类的为害影响比前期重,放松了会造成果树在冬季大量落叶,因此务必认真防治。在防治上可选用杀螨制剂等进行喷雾灭杀。

此外,入秋后天牛等害虫继续为害树干,可在清园时用铁丝钩出幼虫或埋药熏死幼虫,并人工捕捉灭杀成虫,以减少越冬虫卵。

2.清除残枝落叶　苹果的褐斑病、灰斑病,梨的黑星病,葡萄的褐斑病、白腐病,桃的褐腐病等病菌的越冬场所是残枝落叶及杂草。入秋后结合剪枝,要剪除病梢、虫梢,并把果园及其周围附近的杂草和枯枝落叶清除干净,对梨瘤蛾、苹果顶梢卷叶蛾等形成的虫苞、虫巢、虫梢也应结合秋季清园予以集中烧毁或深埋,可以消灭大量越冬病虫。

3.诱集化蛹害虫　利用害虫对越冬场所的选择性,入秋后在果树大枝上绑草把或破麻袋片,诱集害虫化蛹越冬,然后集中杀灭。据调查,这种方法对梨小食心虫的诱集效果可达 47％～78％,对山楂红蜘蛛、枣黏虫、旋纹潜叶蛾、苹果小卷叶蛾、褐卷叶蛾等,也有很好的诱集作用,特别是在当年越冬虫口密度较大时,其诱集效果更为明显。

(四)冬季防治

冬季是果树害虫、病菌的休眠期。这时的病虫比较集中,是防治病虫的最好时机。搞好冬季果树病虫防治,可将翌年果树虫害、病情指数压得很低,起到事半功倍的效果。具体要做好以下几点:

1.深翻施肥,强树灭害　有许多害虫以幼虫、蛹的形态或以菌体、卵孢子在土壤中越冬,因此冬季进行果园深翻,可闷死或暴露虫、蛹、病菌,让鸟啄食或冻死。结合深翻树盘,按树龄大小、树势强弱施入腐熟的有机肥,适当配施磷、钾肥,这样既改善了土壤肥力状况,增强了树体抵抗病虫害的能力,又对桃小食心虫、山楂叶螨、梨虎等多种地下越冬害虫具有较好的防治作用。通过破坏害虫越冬栖息场所,致使其翌年不能出土,减轻虫口密度。

2.清洁果园,涂白树干　有些害虫的卵、幼虫、蛹及病菌的孢子和菌丝体,亦能在枯枝落叶中安全越冬,如螨类、介壳虫类、卷叶蛾类、叶虫、炭疽病、黑星病、溃疡病等。冬季彻底清园,清除枯枝落叶,拾净落果,铲除杂草,及时集中烧毁或深埋,是减少虫源、病源的简单易行、效果较好的措施。同时,冬季涂白树干,可杀死多种病菌和害虫,防止病虫害侵染树干,还能预防冻害。涂白剂配方为石灰 0.5 千克、食盐 0.5 千克、兽油 0.2 千克、石硫合剂 0.5 千克、黏土 0.5 千克、水 18 千克搅拌均匀后涂抹树干。涂白的位置以树干基部为主,高约 1 米,涂抹时要由上而下,在害虫产卵之前涂抹效果最佳。

3.结合冬剪,剪除病枝　许多害虫以虫茧、卵块在嫩枝、芽、叶子上越冬;病菌在病枝、病叶上越冬。冬季剪除干枯枝、病虫枝,摘除病僵果,除净越冬卵茧,集中烧毁,可有效地降低蚜虫、刺蛾、蓑蛾、木虱、茎蜂等害虫的越冬基数,可减少多种枝叶病害的侵染源。

4.刮除翘皮,束干绑膜　果树的树皮裂缝、翘皮是许多病虫潜伏越冬的场所。如梨和苹果小食心虫、网蝽、毛虫、小卷叶蛾等,冬季有躲进翘皮群巢越冬的习性。因此,冬季果树刮皮,胜过施用药剂。刮皮时间在 12 月中、下旬和翌年 1 月之内,民间有"小寒大寒、树皮刮完"之说,最迟也要在萌芽以前刮完。一般是 2～3 年刮 1 次皮,把老裂后的翘皮用刀轻轻刮去,切忌过深以免刮伤里面的嫩皮;刮下的碎片木屑,应集中烧毁;梨膏药病菌膜亦可用刀刮除,刮后要涂白或涂保护剂如石硫合剂或腐必清等,对腐烂病、螨类等多种病虫害的防治效果较明显。

入冬时,用稻草等扭成粗草把,绑在树干上,于开春果树萌发前解开并带出园外烧毁,这样可以把草中的冬眠害虫灭尽;在立春前,在树干基部绑一圈宽 20 厘米左右的塑料薄膜,可防止害虫春暖后爬上树干为害。

5.使用药剂,杀虫灭菌　在清园、修剪、刮皮后,普遍地喷一遍含油量为 4%～5% 的柴油乳剂和 5 波美度的石硫合剂,对防治梨圆蚧、山楂红蜘蛛、梨黑星病、苹果腐烂病等有明显的效果。喷药时要求树上、地面均要喷洒,这样不但可以保护伤口和枝干,而且还能消灭在树干和土壤中越冬的部分病虫。

(五)最佳防治时期

1.病虫发生初期防治　病虫发生分为初发、盛发、末发 3 个时期。其为害范围有点、片发生和大面积发生之分。病害应在初发阶段或发病中心尚未蔓延流行前防治;虫害则应在发生量小、尚未开始大量取食之前防治。把病虫控制在初发阶段和点、片发生阶段。

2.病虫生命活动最弱期防治　害虫宜在 3 龄前防治,此时虫体小、体壁薄、食叶量小、活动较集中、抗药能力低、药杀效果好。如防治介壳虫,可在幼虫分泌蜡质前防治。在芽鳞片内越冬的梨黑星病菌,随鳞片开张而散发进行初次浸染;在病枝溃疡处越冬的桃细菌性穿孔病菌于萌芽初散发进行初次浸染,初次浸染时期是最佳防治期。

3.害虫隐藏为害前防治　害虫在果树枝干、叶、花果的表面时进行喷药,易接触致死。防治卷叶蛾,应在害虫卷叶之前;防治食心虫,要在蛀果前;防治蛀干害虫,在蛀干之前或刚蛀干时为最佳防治期;而梨潜皮蛾,在成虫发生初盛期用药,效果特别显著。

4.果树抗药较强期防治　果树在芽期、花期最易产生药害,应尽量不施药或少施药。在生长停止期和休眠期防治,尤其是病虫越冬期,潜伏场所比较集中,虫龄一致,有利于集中消灭。

5.避开天敌高峰期防治 害虫天敌寄生蜂的成虫抗药性最弱,防治时尽量避开寄生蜂羽化高峰期喷药。

6.为害临界线以内防治 果树病虫害在临界线以内,如苹果树果实受苹小食心虫为害2%～3%时;食叶毛虫,果树的叶子被吃掉25%时;苹果蚜虫,每100个幼芽上有8～10个群体时防治最为经济高效。

7.根据果树物候期防治 果树生长发育的物候期与害虫发生为害密切相关。如梨树芽膨大露绿时,是梨星毛虫、梨大食心虫越冬代幼虫出蛰为害芽盛期;国光苹果花序初出期,是山楂红蜘蛛越冬代雌成虫出蛰为害盛期;梨树芽萌发时,梨蚜卵孵化为害;梨树新梢长出7～10片叶时,梨茎蜂成虫开始出现并产卵为害。

8.选好天气和时间防治 防治果树病虫害时,如果在刮大风时喷药,雾点(粒)易被风吹散而不能降落;下大雨时喷药,雨水不仅稀释药剂浓度,药滴也会被雨水冲跑;叶片上露水未干时喷药,易使叶片灼伤。因此,宜选择晴天下午16:00时后至傍晚喷药,叶片吸水力强,防治效果好。

第三章 柑橘病虫害及其防治

柑橘类果树是我国重要的栽培果树,包括台湾省在内,共有 19 个省、自治区、直辖市种植,主产区分布在浙江、福建、湖南、四川、湖北、广东、江西、广西、和台湾重庆等南方 10 个省、自治区、直辖市,总产量居全球第三位。由于南方高温多雨,生长期长,故柑橘病虫种类繁多,发生严重。

一、柑橘黄龙病

柑橘黄龙病主要分布于广东、广西、福建和台湾 4 个省区,四川西南部、江西南部、浙江南部、湖南南部及云南、贵州的局部地区也有发生。该病为系统侵染性病害,苗木和幼龄树发病后,一般在 1～2 年内死亡,成年树则往往在 3～5 年后枯死或失去结果能力。在病害流行区,由于其传播蔓延速度极快,曾造成数十万亩的柑橘园在短短几年内全部丧失栽培价值,导致严重的经济损失,是柑橘类果树毁灭性最大的一种病害。

为害诊断 田间柑橘树(苗)上只要表现为斑驳叶、红鼻其中一种病状,即可判定为黄龙病树(苗)。

1. **斑驳叶** 转绿后的新梢叶片,从基部附近开始褪绿转黄,并逐渐向叶片中上部扩展,成为一大块不规则的黄斑,与叶片未转黄的绿色部分,形成黄绿相间的斑驳状。有的斑驳叶可表现为主脉一侧全部变为黄色,而另一侧仍为绿色,有的叶片最后也可发展为全叶均匀黄色。黄斑始发于叶片基部,且叶脉亦随黄斑部分变黄为斑驳叶,是黄龙病与其他原因引起的黄化症状区别的最基本特征。

2.红鼻　着色期和成熟期的果实,果蒂附近着色而果顶附近部分不着色,即呈现一端橘红(橘黄)而另一端仍为绿色,俗称"红鼻果"。此种果实显著变小,畸形,品质变劣。

防治方法　在新区和无病区要抓好以下防治工作:严格执行植物检疫制度,严禁引入病区苗木和接穗;培育和种植无病苗木;掌握柑橘木虱的发生动态,严防传入果区,一旦发现,应立即喷药扑杀。

在病区应实施以下防治工作:培育无病苗木,如难于找到合适的隔离地点,可在防虫网棚内育苗;新建果园除采用无病苗木建园外,还应尽量与老果园隔离,严禁在病果园旁边建新果园;严格防除柑橘木虱(具体防治方法　见本书"柑橘木虱"一节);及时彻底挖除病树。

二、柑橘溃疡病

柑橘溃疡病为柑橘类果树上的一种检疫性病害,可侵染柑橘属、枳属和金柑属的几乎所有的柑橘种类和品种,尤以甜橙类、柚类、莱檬类和枳类发病重,柑类和橘类品种一般发病较轻,金柑抗病。该病主要为害柑橘的枝、叶、果,常引起大量落叶、落果,可造成严重的经济损失。

为害诊断　叶上形成近圆形的灰褐色病斑,在叶的正反面隆起,呈木栓化,表面粗糙,病斑中央呈火山口状开裂,周围有明显的黄色晕环。如无潜叶蛾等害虫为害时,受害叶一般不变形。枝条和果实上病斑与叶上的相似,但开裂更为明显,病斑周围一般无黄色晕环。

防治方法

1.实行植物检疫　禁止病区苗木、接穗和果实流入非病区。

2.培育和种植无病苗木

3.合理施肥　特别是不要偏施氮肥。同时,通过抹芽控梢,促进夏梢、秋梢的整齐抽发和统一老熟,缩短病原菌的侵入期,从而减轻发病。

4.剪枝清园　在冬季或早春柑橘树抽梢前,彻底剪除病枝叶,清除园地落叶、残果和枯枝,集中烧毁。对重病枝应短截,对重病树应重剪,更新树冠。修剪后喷洒 0.8～1 波美度石硫合剂清园。对幼树主干病斑,可用利刀刮除后涂抹 1∶1∶(15～20)倍的波尔多液。在春、夏、秋各次梢老熟后,选晴天或阴天露水干后,剪除病枝叶和病果,集中烧毁,减少传染源。

5.喷药保护　新梢和幼果,在春梢长 3 厘米、夏梢和秋梢长1.5～3 厘米时,各喷药 1 次,并各相隔 10～15 天后再喷 1 次。成年树以保果为主,在榭花后 10 天、30 天和 50 天各喷 1 次。药剂可选用 77％可杀得(氢氧化铜)可湿性粉剂 400～600 倍液,或 50％琥胶肥酸铜可湿性粉剂 700 倍液,或 2％加收米(春雷霉素)水剂 600～800 倍液,或 50％代森铵水剂 600 倍液,或农用链霉素 700～1 000 毫克/千克浓度液加 1％酒精等。

三、柑橘疮痂病

柑橘疮痂病在我国各柑橘产区均有分布,尤以中亚热带和北亚热带柑橘产区严重。该病主要为害柑橘的新梢、嫩叶和幼果,致使枝梢和叶片生长受阻,果实脱落或发育不良、品质变劣。

为害诊断　叶上病斑多发生在叶片背面,呈蜡黄色至黄褐色,木栓化,直径为 0.3～2 毫米,病斑周围组织圆锥状突起,叶片正面凹陷,病斑不穿透叶面。受害叶片多扭曲畸形。嫩梢上病斑与叶上相似,但病斑周围组织凸起不明显。果实受害后,果皮上会长出许多散生或群生的瘤状凸起,果小、畸形、易脱落。

防治方法

1.剪枝清园　结合冬、春季修剪,剪除树上病枝病叶,清除地上枯枝落叶和残果集中烧毁,减少菌源。

2.喷药保护　苗木和幼树,在每次梢期喷药 2 次,在芽长 0.5

厘米时喷1次,10～15天后喷第二次。结果树在春芽长0.5厘米时和落花2/3时,各喷1次,夏、秋梢用药期同幼树,如不留夏梢,则夏梢期无需喷药。药剂可选用:80%新万生(代森锰锌)可湿性粉剂600～800倍液,或77%可杀得(氢氧化铜)可湿性粉剂400～600倍液,或30%松脂酸铜乳油600～700倍液,或12.5%敌力康(烯唑醇)可湿性粉剂2 000～2 500倍液,或25%博洁(苯醚甲环唑)乳油2 000～2 500倍液,或55%杜邦升势(氟硅唑＋多菌灵)可湿性粉剂800～1 200倍液等。

四、柑橘炭疽病

柑橘炭疽病发生极为普遍,在我国各地柑橘产区都有发生。该病常造成柑橘树大量落叶、梢枯和落果,导致树势衰弱,产量和品质下降。在贮运期间,可引起果实大量腐烂。

为害诊断 该病主要为害叶片、枝梢和果实,也可为害大枝、主干和花器。

1.叶片症状 一般分为慢性型和急性型两种。

(1)慢性型:多发生于成长叶或老熟叶的叶缘和叶尖。病斑近圆形或不规则形,黄褐色,边缘褐色,病部、健部界限分明。天气干旱时,病部中央呈灰白色干枯,上生许多小黑点(病原菌的分生孢子盘);天气潮湿时,病斑上可溢出朱红色的黏液(病菌的分生孢子团)。

(2)急性型:病斑初为淡青色或青褐色开水烫伤状,后扩大为水渍状、边缘界限不清晰的波纹状大斑块。天气潮湿时,病斑也可溢出朱红色的黏液。

2.枝梢症状 枝梢发病,多从叶柄基部腋芽处开始。病斑初为淡褐色,椭圆形,后扩大为长梭形。当病斑环绕枝条一周时,病梢即枯死。

3.果柄(梗)症状 果柄受害后,初时褪绿,呈淡黄色,其后变褐干枯,呈枯蒂状,果实随后脱落。

4.果实症状　幼果受害后,初为暗绿色油浸状不规则病斑,后扩大至全果。病斑凹陷,变为黑色,成僵果挂在树上。成熟果受害后,病斑近圆形,褐色,革质,凹陷,其上散生许多黑色小粒点。病斑可扩及全果,在潮湿条件下病斑扩张很快,可引起果实腐烂。

防治方法

1.加强栽培管理　果园实施扩穴深翻,增施有机肥和磷肥、钾肥,及时排除积水,注意修剪,保持果园通风透光良好,增强树势,提高树体抗病力。冬季结合修剪,剪除发病枝叶和病果,集中烧毁,并喷布 1 次 0.8 波美度石硫合剂或晶体石硫合剂 100～150 倍液。

2.适时喷药保护　在华南产区,4～5月份,如有的春梢基枝的叶片开始变黄,甚至有些春梢和花、果变为黄褐色,发生凋萎且较普遍时,应立即喷药防治。7～8月份,如结果枝上的叶片变黄,果柄上有病斑,或有些秋梢基枝的叶片变黄,枝条上有病斑,即应喷药防治。可供选用的有效药剂有:80%新万生(代森锰锌)可湿性粉剂 600～800 倍液,或 70%施蓝得(丙森锌)可湿性粉剂 800～1 000倍液,或 25%使百克(咪鲜胺)乳油 1 000～1 500 倍液,或 50%使百功(咪鲜胺锰盐)可湿性粉剂 2 000～2 500 倍液等。

五、柑橘茎陷点病

柑橘茎陷点病又称茎陷点型柑橘衰退病。我国的大多数柑橘产区的脐橙、夏橙等甜橙类品种有发生,重庆、四川、浙江和广西等地区的一些柚类品种,以及广西的温州蜜柑与暗柳橙等品种上也有发生,已成为这些省区柑橘的一种严重病害。

为害诊断　病树枝条木质部具有陷点或陷沟(简称茎陷点),是该病最有代表性的症状:剥开 1 年生或 2 年生枝条的皮层,可见其木质部呈现淡黄色的条状陷点或陷沟。轻者,陷点细小和稀疏;重者,陷点多如蜂窝状,或陷点长而凹陷明显。在脐橙和夏橙等甜橙类品种上,主要表现茎陷点症状,在脐橙上还会表现春梢叶片扭曲畸形、果实变扁、变小等症状。在沙田柚、酸柚等柚类品种上,还可表现出植株矮化,春梢短而丛生,叶片扭曲畸形。在温州蜜柑上,一般不表现茎陷点症状,而表现类似柚类品种的植株矮化,春梢短促和丛生,春梢叶片扭曲畸形等症状。此外,在春梢幼嫩期,还会出现船形叶和叶明脉或黄脉症状;果实膨大期,果面出现放射状沟槽,后随果实的长大而逐渐消失。在暗柳橙上,主要表现为幼嫩春梢的船形叶和叶脉脉明或黄脉,转绿后的春梢叶片也可表现类似于温州蜜柑春叶的扭曲畸形状。而在果实膨大期,果面上会出现深浅及大小不等的凹坑,后可随果实的长大而逐渐消失。未经脱毒的暗柳橙无性系后代植株,无茎陷点症状,而其实生苗则可表现茎陷点症状。

防治方法 对于只有零星发病的果园,应及时挖去病株,并加强传毒蚜虫的防治,减缓其传播蔓延的速度。选择适合本地的柑橘衰退病毒株系,利用其做弱毒交叉保护,是茎点病最有效的防治方法。目前,在未用弱毒交叉保护办法前,培育和栽种无茎陷点病的苗木,对减轻幼龄果园的为害有积极作用。

六、柑橘裂皮病

柑橘裂皮病是一种世界性的危险性传染病,广泛分布于我国的各柑橘主产区,一些采用感病砧穗组合的果园因严重发病而导致全园毁灭的情况时有发生,已成为威胁我国柑橘生产持续发展的重要病害之一。

为害诊断 以枳、枳橙和莱檬等感病品种作砧木的柑橘树患病后,其砧木部的皮层纵向开裂,之后老皮剥落,新皮又开裂,如此反复发生。这是该病最具特征性的症状。而病树嫁接口以上的接穗部的皮层生长正常,不开裂。枳砧病树则表现砧穗部粗细正常(正常树砧木部显著大于接穗部);莱檬砧则可表现上大(接穗部)下小(砧木部)的异常症状。患病植株在苗期无症状表现,而在定植后2~3年或更长时间,开始表现砧木皮层开裂症状。由于树冠生长受抑制而表现矮化或严重矮化,枝条短而纤弱,花多而结果少、果小、皮光滑,品质变劣,严重时可导致整株死亡。

该病在酸橘、红橘、粗柠檬等抗病品种作砧木的柑橘树上无可见症状,为带毒隐症植株。对带毒隐症植株可用伊特洛格香橼亚利桑那 861 品系作指示植物,以作出诊断。该病在指示植物上的症状是新叶中脉抽缩,致使叶片向叶背严重卷曲。有时,叶片形状正常,但病株不抽新梢,而在成熟叶片背面的主脉两侧出现长短不一的"黑脉"。"黑脉"可散生也可呈网状。发病严重的植株,可同时发生叶卷曲和"黑脉"两种症状。

防治方法

1. 培育和种植无病苗木　无病苗木可从两个途径获得:一是通过指示植物鉴定选择田间无裂皮病的优良单株,直接采穗繁殖;二是对带病的优良母树,采用茎尖嫁接方法脱除裂皮病后培育无毒母树,再从这种无毒母树上采穗培育无病苗木。

2. 工具消毒　在嫁接或修剪了可能感染了裂皮病的植株后用 10％漂白粉(含次氯酸钠 5.25％)溶液或 1％～2％次氯酸钠擦洗消毒用过的刀、剪等工具并立即用清水洗净,以免刀、剪被腐蚀而生锈,且防止田间传播。

3. 选用耐病砧木　可应用耐病砧木(如酸橘、红橘、枸头橙),以防裂皮病的严重为害。对一些裂皮较重,长势、结果较差的植株,也可通过靠接耐病砧木的方法,促使树势恢复,带病结果。但不能在耐病砧木的柑橘树上直接采穗繁殖苗木,而且在这种树上用过的刀、剪等工具在消毒后才能在其他橘树上使用。

4. 挖除病树　对症状明显,生长衰弱,已无栽培价值的病树,应及时砍除。

七、柑橘碎叶病

柑橘碎叶病主要为害以枳及其杂种作砧木的柑橘树。我国浙江、广东、广西、福建、台湾和湖南等省区的一些栽培品种,以及湖北和四川的个别地方品种感染碎叶病。局部地区的一些果园亦受到了严重为害。因此,碎叶病与裂皮病一样,已成为我国柑橘生产的一种潜在的威胁。

为害诊断　病树特征性症状是紧邻嫁接口的接穗基部显著肿大,砧穗愈合口的木质部呈黄褐色环缢状。病株矮化,受强风等外力推动时,有的病株容易从嫁接口处断裂,裂面光滑。后期病树叶片叶脉黄化,类似环状剥皮引起的黄化,黄叶易脱落,严重的全株枯死。在指示植物腊斯枳橙和粗皮莱檬上,表现叶片缺刻,叶面凹凸不平及不规则黄斑。

防治方法　除脱毒方法不同外,其他措施与裂皮病相同。该病的脱毒可采用如下2种方法:

1.**热治疗脱毒**　在人工气候箱中,白天16小时,40℃,光照;夜间8小时,30℃,黑暗。处理带病苗木2个月以上可获得无病毒母树。

2.**高温—茎尖嫁接脱毒**　即病苗先经上述热治疗后,再取芽做茎尖嫁接,培养无毒母树。

八、柑橘树脂病

柑橘树脂病主要为害柑橘树的枝干、叶片和果实,常引起柑橘大量落叶、梢枯和落果,导致树势衰弱,产量、品质下降,甚至整株死亡。

为害诊断

1.**流胶和干枯枝干受害**　有流胶型和干枯型2种表现类型。

(1)流胶型:多发生在主干分杈处及其下部的主干上,病部皮层变灰褐色坏死,渗出褐色黏液,有恶臭。

(2)干枯型:病部皮层红褐色,干枯略下陷,病、健交界处有一明显隆起的界线。

2.**黑点(沙皮)叶片和幼果受害**　表面发生许多散生或密集成片的黑褐色硬质小疤点,明显凸起,表面粗糙,称为黑点病或沙皮病。

3.**枯枝生长衰弱的果枝或上年冬季受冻害枝受害**　受病原菌侵染后,病部呈现褐色病斑,病、健交界处常有小滴树脂渗出。严重时可使整条枝条枯死,枯死枝条表面散生许多黑色小粒点。

4.**褐色蒂腐**　成熟果(多在贮运期)受害,果蒂周围出现水渍状、淡褐色病斑,逐渐成为深褐色,病部渐向脐部扩展,边缘呈波纹状,最后可使全果腐烂。由于果肉比果皮腐烂快,当1/3~2/3果皮变色时,果心已全部腐烂,故称"穿心烂"。

防治方法

1. 冬季防冻害 在有霜冻的地区,冬季气温下降前,对树干培土或包裹塑料袋防冻害。霜冻前1~2周,橘园全面灌水1次或地面铺草,可起防寒作用。霜冻期间,橘园堆草熏烟也有防冻作用。

2. 清除病原 早春前,结合修剪,剪除病枝梢,锯除枯死枝,集中烧毁,减少橘园菌源。

3. 暑天涂白防日烧 在盛暑前用生石灰5千克、食盐250克和水20~25升配成的涂白剂涂白树干。

4. 刮治 枝干发病时,用利刀将病部的坏死腐烂组织彻底刮掉,并刮去边缘0.5~1厘米宽的健康组织,深达木质部。刮后及时涂药,以杀死木质部的残余病菌。全年涂药分2期,5月和9月各1期,每期涂药3~4次,每周1次。涂抹剂可用:3.3%治腐灵(腐殖酸铜)膏剂15~20克原液/株,或70%甲基硫菌灵可湿性粉剂1份+植物油3~5份+1%硫酸铜溶液等。

5. 药剂喷雾保护嫩梢、幼果 在春梢萌发前,落花2/3时及幼果期,分别喷药1次,可防治叶、果上的黑点病。药剂可选用:80%新万生(代森锰锌)可湿性粉剂600~800倍液,或70%施蓝得(丙森锌)可湿性粉剂800~1 000倍液,或77%可杀得(氢氧化铜)可湿性粉剂400~600倍液,或30%松脂酸铜乳油600~700倍液,或50%多菌灵可湿性粉剂600~800倍液,或0.5:1:100的波尔多液等。

九、柑橘脚腐病

柑橘脚腐病主要为害柑橘主干基部,引起皮层腐烂,致使树冠叶片黄化,树势衰退,直至死树。

为害诊断 病斑多始发于根颈基部,不定型,病部皮层变褐腐烂,有酒糟味,常流出褐色胶液。严重时可向上蔓延至主干离地30

厘米处,向下蔓延至根群。

防治方法 选用抗病砧木。定植时嫁接口要露出地面,并注意改良土壤,防止积水,耕作时防止刮伤树干,及时防治天牛和吉丁虫等树干害虫。轻病树在春、秋两季用刀将病烂皮刮除,并深刻纵道数条,涂抹上 20%安克(烯酰吗啉)可湿性粉剂、50%锐扑(氟吗啉+乙膦铝)可湿性粉剂 50~100 倍液或 3.3%治腐灵(腐殖酸铜)膏剂 15~20 克原液/株。涂第一次药后,隔 2 个月再涂 1 次。重病树可用抗病砧木靠接换砧,借以取代原有病根,并增施腐熟有机肥,以促进树势的恢复。

十、柑橘褐腐病

柑橘褐腐病主要为害接近成熟和已成熟的果实,也可为害叶片,造成落果和落叶,贮运期发病引起烂果。

为害诊断 果皮上初生浅褐色水渍状圆形病斑,后迅速扩展而致全果变色腐烂,在潮湿条件下,病部长出白色菌丝。病果可散发恶臭味。叶片受害产生浅褐色水渍状圆形病斑和白色稀疏菌丝。

防治方法 结果多的树可用竹竿支起近地结果枝,以防雨水将病菌溅到树枝和果上。果实近黄熟时,在树冠下部及地面喷布如下任意一种药液加以保护:20%安克(烯酰吗啉)可湿性粉剂 2 000~2 500 倍液或 50%锐扑(氟吗啉+乙膦铝)可湿性粉剂 500~700倍液。贮运期发病,防治方法同青霉病。

十一、柑橘青霉病和绿霉病

柑橘青霉病和绿霉病可为害柑橘、苹果、猕猴桃等多种果树,主要为害成熟果实,为贮运期的主要病害。

为害诊断

1.青霉病 初期出现水渍状圆形软腐病斑,2~3 天后病斑上长出白霉状菌丝层,并很快长出青色粉状霉层(病菌的分生孢子梗和分生孢子),外围白色菌丝带较窄,仅 1～2 毫米。果实腐烂后与包纸或其他接触物不粘连。烂果产生霉变气味。

2.绿霉病 初期产生水渍状圆形软腐病斑,几天后病斑上长出白霉状菌丝层,随后在白色菌层上长出绿色粉状霉层(病菌的分生孢子和分生孢子梗),外围白色菌丝带较宽,达 8～15 毫米,果实腐烂后与包纸或其他接触物粘连。烂果发出闷人的芳香气味。

防治方法

1.适时采收,提高采果质量 实践证明,果实八成熟时采收既能保护果品风味,也较耐贮藏。此外,采果及贮运过程中轻拿轻放,减少伤口,也是控制腐烂的关键之一。

2.药剂处理 采果前对贮藏库和工具消毒。每立方米库房用10 克硫磺粉加锯木屑,点火发烟熏蒸 24 小时,或用 25% 使百克(咪鲜胺)乳油 1 000～1 500 倍液喷雾。工具可置库房内一起熏蒸或喷雾。果实在采后 3 天内,用杀菌剂浸果数秒钟,捞起滴干药水并置室内 2～3 天后,即可入库或包保鲜袋贮藏。浸果可选用如下药剂:25% 使百克(咪鲜胺)乳油 500～1 000 倍液或 50% 戴唑霉(抑霉唑)乳油 2 000～2 500 倍液,用时应加入 80% 2,4-D 钠盐 4 000倍液混用。

十二、柑橘根结线虫病

柑橘根结线虫病是大多数柑橘品种都可患该病。被害植株型成根结,并最终导致病根坏死,树势逐渐衰退,甚至全株凋萎枯死。

为害诊断 线虫侵入须根,使根组织过度生长,形成大大小小的虫瘿,即瘤状根结。新生根瘤乳白色,后变为黄褐色至黑褐色,受害小根扭曲、短缩,严重时根系盘结成须根团。最后病根坏死,老根瘤腐烂。受害轻的成年植株树冠部分无明显症状;受害重时,叶片失去光泽并黄化,开花多,着果少,冬季落叶严重,树势逐渐衰退,数年后可致全株死亡。

防治方法 实行植物检疫,禁止病苗传入无病区。培育和栽种无病苗。对带病苗木消毒:用 45℃ 热水浸根 25 分钟,可杀死病原线虫。春季在树冠滴水处开环状沟,每 667 平方米施入 10% 克线丹(硫线磷)颗粒剂 4～5 千克,然后覆土、灌水。此外,每平方米用 1 毫升 0.2% 阿维菌素乳油 2 000～3 000 倍液,用喷雾器喷洒树盘周围地面后,用耙混土 2 次,防治效果很好。

十三、黑刺粉虱

黑刺粉虱除为害柑橘类果树外,还可为害柿、梨、茶、葡萄、枇杷、苹果等多种果树。以幼虫群集在寄主的叶片背面,吸吮汁液,被害处形成黄斑,并分泌蜜露,诱发煤烟病,使枝叶发黑、脱落,树势衰弱。

为害诊断 雌成虫头胸部褐色,腹部橙黄色,覆有薄的白粉;雄成虫体较小。卵长椭圆形、弯曲,初产时乳白色,后渐变为黄色,有一直立短柄,附着叶面。幼虫体被刺毛,黑色、有光泽,在体躯周围分泌一圈白色蜡质物。蛹壳黑色有光泽,周围有一圈白色蜡质分泌物,边缘锯齿状,壳背显著隆起。

防治方法

1. 农业措施 种植密度适当,剪除病虫枝、弱枝、交叉枝,改善果园的通风透光条件。合理施肥,忌偏施氮肥。

2. 药剂防治 在各代 1、2 龄幼虫盛发期用药,尤其要抓好第一代幼虫盛发期用药,是防治黑刺粉虱及其他粉虱的关键时期。冬季清园用 10～15 倍松脂合剂或 98.8% 剎死倍乳油 150 倍液。生长季节可选用 98.8% 剎死倍乳油 200～300 倍液,或 40% 万灵将(灭多威)可湿性粉剂 700～1 000 倍液,或 10% 蚜虱净(吡虫啉)可湿性粉剂 2 000～2 500 倍液等药剂进行防治。

3. 保护和利用天敌 粉虱的天敌有寄生蜂、瓢虫、草蛉和寄生菌等。其中刺粉虱黑蜂、刀角瓢虫和粉虱座壳孢等存在较为普遍,在用药时,要注意避开天敌活动盛期,并适时加以利用。

十四、柑橘粉虱

柑橘粉虱除为害柑橘类果树外,还可为害柿、女贞和丁香等多种植物。以幼虫群集在寄生植物叶片背面吸吮汁液。主要为害柑橘的春梢和夏梢,诱发煤烟病。

为害诊断 雌成虫体长 1.2 毫米,黄色,被有白色的蜡粉,翅半透明,有白色蜡粉;雄成虫体长 0.96 毫米。卵淡黄色,椭圆形,卵壳平滑,以卵柄着生在叶上。初孵幼虫为淡黄色,老熟幼虫为黄褐色,体扁平椭圆形,周缘有小突起 17 对。蛹壳近椭圆形,黄绿色,羽化后为白色。

防治方法 同黑刺粉虱的防治方法。

十五、柑橘木虱

柑橘木虱以若虫为害嫩芽和嫩叶,受害芽凋萎、叶片畸形,其排泄物散布枝叶上,能诱发煤烟病。该虫还可传播柑橘黄龙病。

为害诊断 成虫体长 2.8～3 毫米,青灰色,密布褐色斑纹,头部前方的两个颊锥明显凸出如剪刀状,休息时头部向下,腹部翘起,体与附着面呈 45°角。卵橘黄色,芒果形,长 0.3 毫米;若虫共 5 龄,体淡黄至黄褐色或稍带青绿色,扁椭圆形,状似盾甲。

防治方法 成片果园种植同一柑橘品种,加强栽培管理,使枝梢抽发集中整齐,并摘除零星嫩梢,可减轻为害。营造防护林的果园,有一定荫蔽度,木虱发生少。保护利用天敌,主要有寄生蜂、瓢虫和草蛉等。采完果后立即喷 1 次药,杀灭越冬木虱,并及时剪除未老熟的晚秋梢或冬梢。采果后挖除黄龙病树之前和每次嫩梢抽发期(尤以春梢和秋梢抽发期)均应喷药。防治成虫有效药剂有:40%万灵将(灭多威)可湿性粉剂 700 倍液,或 10%蚜虱净(吡虫啉)可湿性粉剂 1 500～2 000 倍液,等药剂。

十六、橘蚜

橘蚜除为害柑橘类果树外,还可为害梨、桃、柿等果树。以若虫和成虫群集在嫩梢的嫩叶和嫩茎上,吸吮汁液,嫩叶受害后凹凸不平,皱缩卷曲,严重时引起落花、落果,新梢枯死,其分泌蜜露能诱发煤烟病,导致树势衰弱。橘蚜还是田间传播柑橘衰退病的媒介昆虫。

为害诊断　无翅胎生雌蚜体长 1.3 毫米,全身墨绿色,触角灰褐色,复眼红黑色;有翅胎生雌蚜形似无翅胎生雌蚜。卵黑色,有光泽,椭圆形,长约 0.6 毫米,初产时淡黄色,有翅蚜若虫的翅芽在第三龄和第四龄已明显可见。

防治方法　保护利用瓢虫、草蛉、食蚜蝇等自然天敌。当发现有 25%～30% 的新梢上有蚜虫时,可用 20% 好年冬乳油 1 000～1 500 倍液,或 10% 蚜虱净可湿性粉剂 1 500～2 000 倍液,或 15% 金好年乳油 1 500～2 000 倍液等药剂,或用植物性农药(鱼藤精、烟碱等)等药剂对新梢喷雾都有效果。

十七、柑橘潜叶蛾

柑橘潜叶蛾只为害柑橘类果树,以嫩叶为主,少数为害嫩梢和幼果。幼虫潜入嫩叶,蛀食叶肉,留下表皮。被害叶形成曲折迂回的隧道,卷曲硬化,严重时叶片脱落,叶片受害后,伤口易被柑橘溃疡病菌侵入。

为害诊断　成虫体长约 2 毫米,体、头及前后翅均为银白色。卵椭圆形,呈半球状突起,半透明,外表光滑。幼虫共 4 个龄期,末龄幼虫黄绿色、扁平、长纺锤形,足退化。蛹纺锤形,初为淡黄色,渐变为黄褐色,外被黄褐色薄茧。

防治方法

1.农业防治　抹除零星抽发的夏梢和秋梢,使其集中抽放,切断虫源。在成虫产卵末期,即卵量开始低落时,留放秋梢,可减轻秋梢受害。放梢前半个月,应加强肥水管理,使抽梢整齐,缩短受害期。

2.**药剂防治**　幼虫孵化初期至盛期是防治适期,放梢后 20 天内喷药 2 次,傍晚喷药效果好。可选用 20％好年冬乳油 1 000～1 500倍液,或 20％灭扫利(甲氰菊酯)乳油 1 000～1 500 倍液,或 15％金好年乳油 1 500～2 000 倍液,或 40％万灵将可湿性粉剂 700～1 000倍液等药剂。

3.**保护和利用天敌**　主要有寄生蜂和草蛉等。

十八、柑橘花蕾蛆

柑橘花蕾蛆又称柑橘瘿蚊等,是柑橘类果树重要的花期害虫。成虫产卵于花蕾中,幼虫在花蕾内蛀食生长,被害花蕾畸形、膨大。

为害诊断　成虫形似小蚊,全体灰黄褐色,并密生细绒毛。翅透明、淡紫红色,上生细毛。卵无色透明,长椭圆形,长约 0.16 毫米,外有一层很薄的蜡质,末端的胶质延长成细丝。幼虫蛆形,分为三龄,3 龄期幼虫体长 2.5～3 毫米,长纺锤形,黄白色。蛹纺锤形,初为乳白色,渐变为黄褐色,近羽化时复眼和翅芽变为黑色。

防治方法　冬季深翻园土,有利于消灭越冬幼虫。成虫羽化即将出土之际,用 40％辛硫磷乳油 400～600 倍液喷洒地面消灭出土幼虫。在多数花蕾现白时,用 10％吡虫啉可湿性粉剂 1 500～2 000 倍液等药剂对树冠喷雾,杀死成虫,连续施 2 次,相隔 8～10 天。

十九、柑橘吸果夜蛾

柑橘吸果夜蛾种类很多。其中最主要的是嘴壶夜蛾,占全体数量的 3/4。成虫在柑橘果实成熟前后,刺破果面,吸食汁液为害,伤口软腐呈水渍状,果实终至脱落。

为害诊断　成虫体褐色,头部红褐色,前翅棕褐色,外缘中部凸出成角,角的内侧有一个三角形红褐色纹,后缘中部内陷,翅尖至后缘有一深斜"H"形纹,肾状纹明显;卵扁球形,黄色,有暗红花纹;幼虫漆黑,背面两侧各有黄、白、红斑一列;蛹赤褐红色。

防治方法 山区柑橘园连片种植迟熟品种和避免混栽成熟期不同的品种,可减轻为害。清除果园,杜绝虫源。成虫发生期,每667平方米设置40瓦黄荧光灯1~2支,或其他黄色灯,或香茅油(在5厘米×6厘米的吸水性能好的草纸等上,滴少许香茅油,早晨收回放在尼龙袋内,傍晚挂出去)挂在柑橘园边缘处,对成虫有驱避作用。

二十、柑橘实蝇

为害柑橘的实蝇在我国已知有8种,分布广、为害严重的是柑橘大实蝇、蜜柑大实蝇和柑橘小实蝇。均以成虫产卵于柑橘的幼果内,幼虫在果实内食害果实囊瓣,果实易腐烂,常未熟先黄,早期脱落。现以柑橘小实蝇为例作介绍。

为害诊断 成虫体长7~8毫米,胸部背面大部分黑色,前胸肩胛鲜黄色,中胸背板黑色较宽,两侧具黄色纵带,小盾片黄色,与上述的两黄色纵带连成"U"字形;腹部黄色至赤黄色,第一、第二节各有一黑色横带,第三节以下呈黑色斑纹,并有一黑色纵带从第三节中央直达腹端。卵梭形,乳白色,圆筒形。幼虫体长约10毫米,黄白色。

防治方法 3种实蝇都是检疫对象,实蝇幼虫随果实运输而传播,必须加强检疫力度,防止蔓延扩散;及时拾捡落果和被害果集中处理,并冬耕翻土灭蛹,以减少在土中的越冬蛹。诱杀成虫方法是,将浸泡甲基丁香酚加3‰二溴磷溶液的蔗渣纤维板或蝇必粘每667平方米2片悬挂在果树上,诱杀柑橘小实蝇;也可在幼果期实蝇成虫未产卵前对果实套袋。

第四章　苹果病虫害及其防治

一、苹果树腐烂病

苹果树腐烂病俗称臭皮病、烂皮病、串皮病,是我国北方苹果产区为害较严重的病害之一。

为害诊断　苹果树腐烂病主要为害枝干,形成溃疡型和枝枯型两类症状,有时也可为害果实。

1.溃疡型　多发生在主干、主枝上,春季一般首先在向阳面出现新病斑。发病初期,病部表面呈红褐色水浸状,略隆起,随后皮层腐烂,常溢出黄褐色汁液。病组织松软、湿腐,有酒糟味。表面产生许多小黑点。在雨后和潮湿情况下,小黑点可溢出橘黄色卷须状孢子角。

2.枝枯型　枝枯型症状多发生在2～4年生的小枝及剪口、果台、干枯桩和果柄等部位。病斑红褐色或暗褐色,形状不规则,边缘不明显,病部扩展迅速,全枝很快失水干枯死亡。后期病部表面也产生许多小黑点,遇湿则溢出橘黄色孢子角。

侵害果实后,在果实上产生近圆形或不规则形、黄褐色与红褐色相间的轮纹病斑。病斑边缘清晰,病组织软腐状,有酒糟味。后期病斑表面产生略呈轮纹状排列的小黑点,遇湿可溢出橘黄色的孢子角。

苹果树腐烂病的症状特点可概括为:皮层烂,酒糟味,小黑点,冒黄丝。

防治方法　防治策略必须采取以加强栽培管理,壮树防病为中心;以清除病菌,降低果园菌量为基础;以及时治疗病斑,防止死枝、死树为保障,同时结合保护伤口、防止冻害等项措施,进行综合治理。

1.壮树防病

(1)合理施肥:合理施肥的关键是施肥量要足,肥料种类要全,提倡秋施肥。

(2)合理灌水:秋季控制灌水,有利于枝条成熟,可以减轻冻害;早春适当提早浇水,可增加树皮的含水量,降低病斑的扩展速度。

(3)合理负载:及时疏花疏果,控制结果量,不但能增强树势,减轻腐烂病,也能提高果品品质,增加经济效益。

(4)合理修剪:从防病角度来说,合理修剪主要注意以下3个方面:一是尽量少造成伤口,并对伤口加以处理和保护;二是调整生长与结果的矛盾,培育壮树;三是调整枝量,勿使果园郁闭。

(5)保叶促根:加强果园土壤管理,培育壮树,为根系发育创造良好条件,及时防治叶部病虫害,避免早期落叶。

2.清除病菌

(1)搞好果园卫生:及时清除病死枝,刨除病树,修剪下来的枝干要运出果园,这些措施都能降低果园菌量,控制病害蔓延。

(2)重刮皮:5～7月份,用刮皮刀将主干、骨干枝上的粗翘皮刮干净的措施称为重刮皮。重刮皮的技术关键有3点:一是刮皮不能过重,深度在1毫米左右,刮后树干呈现黄一块、绿一块的状态;二是刮皮后不能涂刷药剂,更不能涂刷高浓度渗透性强的药剂,以免发生药害,影响愈合;三是过弱树不要刮皮,以免进一步削弱树势。

(3)休眠期喷药:在苹果树落叶后和发芽前喷施铲除性药剂,可直接杀灭枝干表面及树皮浅层的病菌,对控制病情有明显效果。效果较好的药剂有石硫合剂、代森铵、噻霉酮等。

3.病斑治疗　及时治疗病斑是防止死枝、死树的关键。3～4月份为春季发病高峰期,也是刮治病斑的关键时期。

（1）刮治：将病组织彻底刮除并涂药剂保护，成功与否的技术关键有3点：一是彻底将变色组织刮干净，再多刮0.5厘米左右；二是刮口不要拐急弯，要圆滑，不留毛茬。上端和侧面留立茬，尽量缩小伤口，下端留斜茬，避免积水，有利于愈合；三是涂药，保护伤口的药剂要有3个特点，即具有铲除作用、无药害和促进愈合。

（2）割治：用刀先在病斑外围切一道封锁线，然后在病斑上纵向切割成条，刀距1厘米左右，深度达到木质层表层，切割后涂药杀菌的病斑治疗方法称为割治法，又称划条法。割治成功的技术关键：一是刀距不能超过1.5厘米，深度必须达到木质部；二是所用药剂必须有较强的渗透性或内吸性，能够渗入病组织并对病菌有强大的杀伤效果。

二、苹果轮纹病

苹果轮纹病是苹果枝干和果实上发生的重要病害。全国各地均有发生，以富士苹果最易感病。

为害诊断

1. 枝干轮纹病　该病可为害苹果树的各级枝干。初期是以皮孔为中心形成扁圆形、红褐色病斑。病斑中间凸起呈瘤状，边缘开裂。翌年病斑中央产生小黑点（分生孢子器和子囊壳），边缘裂缝加深、翘起呈马鞍形。以病斑为中心逐年向外扩展，形成同心轮纹状大斑，许多病斑相连，使枝干表皮变粗糙，故又称粗皮病。

2. 果实轮纹病　该病从近成熟期开始发生，采收期发生严重，贮藏期可继续发生。果实发病，初期以皮孔为中心形成水渍状、近圆形、褐色斑点，周缘有红褐色晕圈，稍深入果肉，随后很快向四周扩展，病斑表面具有明显的、深浅相间的同心轮纹，病部果肉腐烂。初期病斑表面不凹陷。严重时5～6天即可全果腐烂，常溢出褐色黏液，有酸臭气味。发病后期，少数病斑的中部产生黑色小粒点，散生，不突破表皮。烂果失水后干缩，变成黑色僵果。

防治方法　　防治策略是在加强栽培管理、增强树势、提高树体抗病能力的基础上,采用以铲除越冬菌源、生长期喷药和套袋保护为重点的综合防治措施。

1.加强栽培管理　苗圃应设在远离病区的地方,培育无病壮苗;建园时应选用无病苗木,定植后经常检查,发现病苗及时淘汰;加强肥水管理,氮、磷、钾平衡施用,并增施有机肥;合理周年整形修剪,刻芽、环剥、拉枝切勿过度;合理疏果,严格控制负载量。

2.铲除越冬菌源

(1)刮除枝干病斑:发芽前将枝干上的轮纹病与干腐病斑刮干净,并集中烧毁,减少病菌的初侵染源。

(2)枝干用药:休眠期喷施铲除性药剂,直接杀灭枝干表面越冬的病菌,可明显降低果园菌量。6月枝干施药,可明显减少病原菌孢子的释放量。休眠期枝干上的常用药剂有1～3波美度石硫合剂等铲除剂。

(3)清理枯死枝:对修剪落地的枝干,要及时彻底清理;不要使用树木枝干作果园围墙篱笆;不要使用带皮木棍作支棍和顶柱。

(4)休眠期喷药:苹果发芽前喷布1～2次铲除剂,如可选喷3～5波美度石硫合剂,或喷施45%代森铵、35%丙·多等铲除性杀菌剂。

3.生长期喷药保护　药剂种类、施药时期及次数与果实是否套袋有密切关系。

(1)果实不套袋:苹果树花后立即喷,每隔10～15天喷药1次,连续喷5～8次,至9月上旬结束。多雨年份和晚熟品种可适当增加喷药次数。可根据情况选择下列药剂交替使用:7%甲基硫菌灵800～1 000倍液、80%苯醚甲环唑8 000倍液、80%代森锰锌600～800倍液、80%多菌灵可湿性粉剂600～800倍液、40%氟硅唑8 000～10 000倍液等。在一般果园,可以建立以波尔多液为主体、交替使用有机杀菌剂的药剂防治体系。波尔多液有耐雨水冲刷、保护效果好的特点,但在幼果期(落花后30天内)不宜使用,以免引发果锈。苹果落花后可喷施代森锰锌等有机合成的杀菌剂2～3

次;6月上旬开始喷波尔多液,以后交替使用波尔多液与有机杀菌剂。在果实生长后期(8月底以后)禁止喷施波尔多液,提倡将代森锰锌等保护性杀菌剂与甲基硫菌灵等内吸性杀菌剂交替使用或混合使用。

(2)果实套袋:防治果实轮纹病,关键在于套袋之前用药。榭花后和幼果期可喷施质量高的有机杀菌剂,但要禁止喷施低档代森锰锌和波尔多液等药剂,以免污染果面,影响果品外观质量。套袋前果园应喷3次多菌灵和甲基硫菌灵等杀菌剂。

4.贮藏期防治 贮藏前要严格剔除病果及其他受损伤的果实,对苹果果实可在咪鲜胺、噻菌灵、乙膦铝等药液中浸泡一定时间,捞出晾干后入库。

三、苹果炭疽病

苹果炭疽病又称苦腐病、晚腐病,是苹果重要的果实病害之一。

为害诊断 该病主要为害果实,也可为害枝条和果台。果实发病,初期果面出现针头大小的淡褐色小斑点,圆形,边缘清晰。病斑逐渐扩大,颜色变成褐色或深褐色,表面略凹陷。由病部纵向剖开,病果变褐腐烂,具苦味。病果剖面呈漏斗状。后期病斑中心出现稍隆起的小粒点,呈同心轮纹状排列。粒点初为浅褐色,后变为黑色,并且很快突破表皮。遇降水或天气潮湿,则溢出粉红色黏液。烂果失水后干缩成僵果,脱落或挂在树上。在果实近成熟或室内贮藏过程中,病斑扩展迅速,往往经过7~8天果面即可腐烂1/2以上,造成大量烂果。

枝条发病,多发生在老弱枝、病虫枝和枯死枝上。初期枝条表皮形成褐色溃疡斑,多为不规则形,逐渐扩大。后期病部表皮龟裂,致使木质部外露,病斑表面也产生黑色小粒点。病部以上枝条干枯。果台受害,出现褐色病斑,病斑自顶部向下蔓延,严重时副梢不能抽出。

防治方法　苹果轮纹病的防治,在加强栽培管理的基础上,重点进行药剂防治和套袋保护。

1.加强栽培管理　合理密植和整枝修剪,及时中耕锄草,改善果园通风透光条件,降低果园湿度。合理施用氮、磷、钾肥,增施有机肥以增强树势。合理灌溉,避免雨季积水。正确选用防护林树种,平原果园可选用白榆、水杉、枫杨、楸树、乔木桑、枸橘、白蜡条、紫穗槐、杞柳等,丘陵地区果园可选用麻栗、枫杨、榉树、马尾松、樟树、紫穗槐等。新建果园应远离刺槐林,果园内不能混栽病菌易侵染的植物。

2.清除侵染源　以中心病株为重点,冬季结合修剪清除僵果、病果和病果台,剪除干枯枝和病虫枝,集中深埋或烧毁。苹果发芽前喷1次3～5波美度石硫合剂或45%代森铵。生长季节发现病果,要及时摘除并深埋。

3.喷药保护　由于苹果炭疽病的发生规律基本上与果实轮纹病一致,而且两种病害的有效药剂种类也基本相同。因此,炭疽病的防治可参见果实轮纹病的防治方法。对炭疽病效果较好的药剂有25%苯醚甲环唑6 000～8 000倍液,25%溴菌腈800～1 000倍液,1.5%噻霉酮600～800倍液等。在果实生长初期喷布无毒高脂膜,15天左右喷1次,连续喷5～6次,可保护果实免受炭疽病菌的侵染。需要注意的是,对发病时间长并且主栽品种感病的果园,应加强喷药保护,对中心病株要优先喷药保护。

四、苹果斑点落叶病

1956年,苹果斑点落叶病首先在日本发现,我国自20世纪70年代后期开始陆续有苹果斑点落叶病发生为害的报道,80年代后在渤海湾、黄河故道、江淮等地的苹果产区普遍发生,目前已成为苹果生产上的主要病害。

为害诊断　主要为害叶片,尤其是展开20天内的嫩叶。也可为害嫩枝及果实。叶片发病后,首先出现褐色小点,后逐渐扩大为直径为5~6毫米的红褐色病斑,边缘为紫褐色,病斑中央往往有1个深色小点或具同心轮纹。天气潮湿时,病斑正反面均可见墨绿色至黑色的霉状物。发病中后期,病斑部分或全部变成灰色。有的病斑可扩大为不规则形,有的病斑则破裂成穿孔。有时在后期灰白色病斑上可产生小黑点(二次寄生菌)。在高温多雨季节,病斑迅速扩展为不规则形大斑,常使叶片焦枯脱落。

1年生的徒长枝和内膛枝容易染病。染病的枝条皮孔凸起,以皮孔为中心产生褐色凹陷病斑,多为椭圆形,边缘常开裂。

幼果至近成熟的果实均可受害发病,多发生在近成熟期,出现的症状不完全相同。常见的症状是以果点为中心,产生褐色近圆形的斑点,直径为2~5毫米,周围有红晕。病果易受二次寄生菌侵染而导致腐烂。

防治方法

1. 选用抗病品种 根据各地生产需要,尽可能减少易感病品种的种植面积,选栽较抗病的品种,控制病害的发生和流行。

2. 清洁田园,减少初侵染源 秋冬季节,彻底清扫残枝落叶,并结合剪枝把树上的病枝和病叶清除,集中烧毁或深埋,以减少初侵染源。

3. 加强栽培管理 结合夏剪,及时剪除徒长枝及病梢,减少后期侵染源,改善通风透光条件;合理施肥,多施有机肥,增施磷肥和钾肥,避免偏施氮肥,提高树体抗病能力;合理排灌,对雨后或地势低洼、地下水位高的果园,要注意排水,降低果园湿度,以减轻病害的发生。

4. 化学药剂防治 结合防治腐烂病、轮纹病,在果树发芽前,对全树喷施药剂,以铲除越冬病菌。在苹果的生长季节注意喷药保护,一般在病叶率达10%时开始用药,重点保护春梢和秋梢期的嫩叶。用药的时间和次数,要根据各地的气候条件和发病时期确定。有效药剂有1.5%多抗霉素400~500倍液、80%代森锰锌600~800倍液、25%苯醚甲环唑6 000~8 000倍液等杀菌剂。

五、苹果褐斑病

苹果褐斑病,是造成苹果树早期落叶的主要病害之一,在我国各个苹果产区都有发生。随着苹果套袋技术的推广,果农管理意识放松,并且近年来夏季雨量大,雨天频繁,该病害为害严重,造成苹果早期大量落叶,树势削弱,并影响果实的膨大、着色和花芽的形成。褐斑病菌除为害苹果外,还可侵染沙果、海棠、山定子等。

为害诊断 主要为害叶片,也能侵染果实和叶柄。一般树冠下部和内膛叶片先发病,病斑褐色,边缘绿色不整齐,故有绿缘褐斑病之称。病斑可分为3种类型。

1.同心轮纹型 发病初期,在叶片正面出现黄褐色小点,逐渐扩大为圆形病斑,病斑暗褐色,外围有绿色晕圈。后期病斑上产生黑色小点(分生孢子盘),呈同心轮纹状排列。病斑背面褐色,边缘浅褐色。

2.针芒型 病斑呈放射状向外扩展,暗褐色或深褐色,其上散生小黑点。病斑小,数量多,常遍布叶片。后期叶片逐渐变黄,病斑周围及背部仍保持绿褐色。

3.混合型 病斑大,呈圆形或不规则形,暗褐色,病斑上也产生小黑点,但不呈明显的同心轮纹状排列。后期病斑变为灰白色,边缘仍保持绿色,但有时边缘呈针芒状。多个病斑可相互连接,形成不规则形大斑。

果实发病,多在生长后期发生,初为淡褐色小点,逐渐扩大为近圆形或不规则形病斑,褐色,稍凹陷,边缘清晰,后期病斑上散生黑色小点。病组织呈褐色海绵状,病变仅限于病斑下浅层细胞。叶柄发病,产生黑褐色长圆形病斑,常常导致叶片枯死。

防治方法

1.搞好清园工作,减少侵染源 苹果落叶后或在春季发芽前,彻底清扫落叶,结合修剪,剪除病枝、病叶,集中烧毁或深埋。

2.加强栽培管理 多施有机肥,增施磷、钾肥,避免偏施氮肥;

合理疏果,避免过度环剥,增强树势,提高树体的抗病能力;合理修剪,改善通风透光条件;合理排灌,降低果园湿度等。

3.药剂防治　在果树发芽前,结合其他病害的防治,全园喷布3～5波美度的石硫合剂,以铲除树体和地面上的越冬菌源。一般情况下,从苹果落花后开始喷药,每隔10～15天喷药1次,连续喷5～8次。各地根据具体气候条件和品种类型,决定喷药次数和喷药时间。如果春天雨水早而且雨量大,首次喷药时间应相应提前,反之喷药时间可推迟。常用药剂有甲基硫菌灵、多菌灵、烯唑醇、苯醚甲环唑等杀菌剂。在套袋之前的幼果期,不要使用波尔多液,以免污染果面,产生果锈。

六、苹果霉心病

苹果霉心病又名心腐病、果腐病、红腐病、霉腐病。北斗、富士、元帅系品种(元帅、红星等)发病严重,病果率高达40％～60％,国光和祝光品种不发病。

为害诊断　主要为害果实,引起果心腐烂,有的提早脱落。病果外观常表现正常,偶尔发黄、果形不正或着色较早,个别的重病果实较小,明显畸形,在果梗和萼洼处有腐烂痕迹。病果明显变轻。由于多数病果外观不表现明显症状,因此不易被发现。剖开病果,可见心室坏死变褐,逐渐向外扩展腐烂。果心充满粉红色霉状物,也有灰绿色、黑褐色或白色霉状物,或同时出现颜色各异的霉状物。病菌突破心室壁扩展到心室外,引起果肉腐烂。苹果霉心病是由霉心和心腐两种症状构成,其中霉心症状为果心发霉,但果肉不腐烂;心腐症状不仅果心发霉,而且果肉也由里向外腐烂。还有人将其症状发展分为4种类型:心室小斑型、心室大斑型、心室腐烂型和果肉腐烂型。在贮藏期,当果心腐烂发展严重时,果实外部可见水渍状、形状不规则的湿腐状褐色斑块,斑块彼此相连成片,最后全果腐烂。烂果果形通常保持完整,但受压极易破碎。病果肉有苦味。

防治方法　防治策略应以药剂保护为主,辅以农业防治措施。

1.选用抗病品种　如果生产上允许,可因地制宜地种植抗病苹果品种。

2.加强栽培管理　改善树冠内的通风透光条件;合理灌溉,注意排涝,降低果园空气相对湿度;配方施肥,增施有机肥,提高树势;在生长季节随时清除病果,秋末冬初彻底清除病果、僵果和病枯枝,集中烧毁。

3.药剂防治　在苹果萌芽之前,结合其他病害的防治,对全园喷布 3～5 波美度石硫合剂,以铲除树体上越冬的病菌。于开花前喷 1 次杀菌剂,可选择 10％多氧霉素 B 1 000 倍液、多抗霉素 400～500 倍液、50％抑菌脲 1 000～1 500 倍液、80％代森锰锌等药剂。于终花期和坐果期各喷 1 次杀菌剂,两次用药间隔期为 10～15 天。除以上药剂外,还可选用 40％氟硅唑 8 000～10 000 倍液、70％甲基硫菌灵 800～1 000 倍液、50％多霉灵 800～1 000 倍液等。生理落果后进行疏果,疏果后再彻底喷 1 次杀菌剂,如麻霉素和甲基硫菌灵的混合药液,然后套袋。此次施药应避免使用乳油和波尔多液,以免污染果面。如果不套袋,则在生长季节喷施杀菌剂,重点喷洒在果实萼洼部(萼筒外口)。苹果采收后可放在 45％噻菌灵悬浮剂 600 倍液中浸泡 30 秒钟,取出晾干后贮藏,能起到一定防效。

4.生物防治　有研究者已分离出对霉心病菌有拮抗作用的枯草芽孢杆菌菌株,并已加工成制剂(青岛农业大学研制的抗菌新星),现已通过中试,对苹果霉心病有较好的防效,有望成为一种新型的微生物菌剂。

七、苹果根部病害

苹果根部病害是多种病害的总称,主要有根朽病、白绢病、圆斑根腐病、紫纹羽病、白纹羽病、根癌病和毛根病。这些病害除可为害苹果外,还可以为害多种果树和树木,发病后,往往造成树势衰弱,严重时引起植株死亡。

为害诊断

1.根朽病　主要为害根颈部和主根,并沿着根颈、主根和主干上下扩展,常常造成根茎环割现象而致使病株枯死。病部表面呈紫褐色水渍状,有时溢出褐色液体。皮层内、皮层与木质部之间充满白色至淡黄色的扇状菌丝层。新鲜的菌丝层或病组织在黑暗处可发出蓝绿色的荧光。病组织有浓厚的蘑菇气味。高温多雨季节,在潮湿的病树根颈部或露出土面的病根处,常有丛生的蜜黄色蘑菇状子实体。发病初期皮层腐烂,后期木质部也腐朽。地上部表现为局部枝条或全株叶片变小,自下而上叶片逐渐发黄甚至脱落。枝条抽梢很多,新梢变短,开花结果多,但果实小且味道淡。

2.白绢病　该病主要发生在近地面的根颈部。发病初期,根颈皮层出现暗褐色病斑,逐渐凹陷并向周围扩展,上生白色绢丝状的菌丝层。在潮湿条件下,菌丝层可蔓延到病部周围的地面上,后期皮层腐烂,有酒糟味,在病部长出许多油菜籽状的棕褐色菌核,最终病株茎基部皮层完全腐烂,全株萎蔫死亡。地上部发病后,叶片变小发黄,枝条节间缩短,结果多而小。

3.圆斑根腐病　多数先从须根(吸收根)发病,病根变褐枯死,后肉质根受害。从吸收根开始,支根、侧根、主根依次发病。发病初期,围绕须根形成红褐色圆斑,病斑扩大,并深达木质部,整段根变黑坏死。地上部表现萎蔫、青干、叶缘枯焦、枝枯等症状。

4.紫纹羽病　该病多从细的支根开始发生,逐渐扩展到侧根、主根、根颈甚至地上部分。发病初期,根部表面出现黄褐色不规则形斑块,皮层组织褐色。病根的表面生有暗紫色绒毛状菌丝膜、根状菌索和半球状暗褐色的菌核。后期病根皮层腐烂,但表皮仍完好地套在外面,最后木质部腐烂。病根及周围土壤有浓烈的蘑菇味。地上部表现为植株生长衰弱,节间缩短,叶片变小且发黄。病情发展比较缓慢,病树往往经过数年后才衰弱死亡。

5.白纹羽病　先从细根开始发生,以后扩展到侧根和主根。病根表面绕有白色或灰白色的丝网状物,即根状菌索,后期霉烂根的柔软组织全部消失,外部的栓皮层如鞘状套于木质部外面,在病部有时出现黑色圆形的菌核。地上部近土面根际常出现灰白色或灰褐色的薄绒布状菌丝膜,有时上面形成小黑点(子囊壳)。病根无特殊气味。有的病株当年死亡,有的在发病2~3年后死亡。地下部发病后,地上部表现为树势衰弱,生长缓慢,果实生长停止,萎缩,叶片黄化、早落等症状。

6.根癌病　主要发生在根颈部,也发生于侧根和支根上。发病初期在病部形成幼嫩的灰白色瘤状物,瘤状物体积不断增大,颜色逐渐变深为褐色,组织木质化且坚硬,表面粗糙,凹凸不平。

防治方法

1.选地建园,选用无病菌苗木和苗木消毒　不要在旧林地和苗圃地建果园,不要在老果园育苗。苗木要经过严格检查,剔除病苗和弱苗,或进行消毒处理。怀疑带有真菌性根病的用多菌灵、甲基硫菌灵处理,怀疑带有细菌性根部病害的用链霉素、硫酸铜处理。

2.加强果园的栽培管理,培育壮树　地下水位高的果园,要做好排水工作,雨后及时排除积水。合理施肥,避免偏施氮肥,氮肥、磷肥、钾肥要配合使用,增施有机肥。合理修剪,合理负载,及时防治其他病虫害,保证果树健壮生长。

3.病树治疗　经常检查果园,发现病树要立即处理,防止病害扩展蔓延。寻找发病部位,彻底清除所有病根,对伤口进行消毒,用无病土或药土[用五氯硝基苯以1:(50~100)的比例与换入新土混合而配制]覆盖。常用消毒剂有硫酸铜、石硫合剂、多菌灵等。

4.隔离病菌和土壤消毒　在病株周围挖1米以上的深沟加以封锁,防止其传播蔓延。每年在早春和夏末分2次进行药剂灌根。灌根时,以树干为中心,开挖3~5条放射状沟,沟长以树冠外围为准,宽30~50厘米,深70厘米左右。有效药剂主要有:五氯硝基苯、恶霉灵、松脂酸铜、甲基硫菌灵、代森铵等。用K84菌液在栽前、发病前灌根和穴施,或处理苗木,可有效预防根癌病的发生。

5.清除病株　对严重发病的果树,应尽早清除。病残根要全部清除、烧毁,并用甲醛消毒病穴土壤。如病死树较多,病土面积大,可用石灰氮消毒。

八、苹果苦痘病和痘斑病

苹果苦痘病和痘斑病是苹果钙素营养失调所诱发的多种不良表现,在全国各苹果产区均有发生,一般病果率为 20％～30％,在敏感品种上甚至超过 50％,严重影响苹果的外观及质量。

为害诊断　苹果钙素营养失调主要表现在果实上,其中以苦痘病和痘斑病最严重;皮孔膨大、隆起、横裂导致果皮粗糙,也是低钙的重要表现。

苦痘病初期皮孔颜色较深,红色果实上呈暗红色,绿色或黄色果实上呈浓绿色,四周有紫色或黄绿色晕。此时纵切,可见皮孔下组织坏死,呈褐色海绵状,深入果实 3～5 毫米;后期随着果实组织失水,病部下陷,表皮坏死,形成近圆形褐色凹陷斑块,直径 0.5～1厘米。有时在深层果肉中也可发现褐色海绵状坏死斑块。病组织味苦,不堪食用。

痘斑病的基本特点与苦痘病类似,病斑较小,较浅,较多,果实顶部病斑较密。

裂皮病从果实加速膨大期开始表现症状,近成熟期更为明显。初期果实皮孔膨大,隆起,果皮较粗糙;后期皮孔横裂,果面布满横向裂纹。裂纹很浅,不深入果肉。严重时,果柄周围也会出现深入果肉的裂缝。

防治方法

1.加强栽培管理　采取适当的栽培管理措施,促进钙的吸收和有效分配,是防止缺钙症发生的关键环节。增施有机肥、种植绿肥、果园铺草等措施,可以改良土壤理化性质,促进根系发育,有利于钙的吸收利用;进行配方施肥,不偏施氮肥,尤其是铵态氮肥,避免有害元素与钙离子发生拮抗,也有利于钙的吸收利用;合理修剪,加强夏剪,控制枝叶过旺,有利于钙元素向果实转移。

2.叶面施钙肥　生长期喷施钙肥,及时补充钙素营养,增加果实钙含量,才能控制该病的发展。有效药剂较多,如高效钙、速效钙、氨基酸钙等。喷施无机钙盐,如硝酸钙、氯化钙等,一般使用400倍稀释液较为安全。从落花后开始,10~15天1次,全生育期喷施4~7次,会有较好的效果。

3.土壤施肥　在土壤偏碱性的果园,土壤中可溶性钙盐含量很低,应适当施用,加以补充。苹果落花前后,施用硝酸钙150~300克/株,有较好的防治效果。

九、苹果黄叶病

为害诊断　苹果黄叶病症状多从新梢嫩叶开始,初期叶肉变黄,但叶脉仍保持绿色。随着病势的发展,叶片全部变成黄白色,严重时叶片边缘枯焦,甚至新梢顶端枯死,影响果树正常生长。

防治方法

1.园地和苗木的选择　建园地址应选择疏松的砂壤土地块,避免在地下水位高的地块或盐碱地栽植。选购或培育苗木时,不仅要选择品种,而且要选择砧木,即选择不容易发生黄叶病的砧木,如海棠、柰子、楸子等。

2.土壤改良和土壤管理　春季干旱时,注意灌水压碱,以减少土壤含盐量。低洼地要及时排除盐水,用含盐量低的水浇灌,灌后及时松土。增施有机肥料,树下间作绿肥,以增加土壤中的腐殖质含量,改良土壤结构及其理化性质,释放土壤中的铁元素。

3.增施铁肥　目前,生产上常用的铁肥是硫酸亚铁,一般用量为:5年生以上的树,株施铁溶液,或硫酸铜、硫酸亚铁和石灰混合液(硫酸铜1份、硫酸亚铁1份、生石灰2.5份、水320份)。果树生长季节,可叶面喷施0.1%~0.2%硫酸亚铁溶液,或0.2%~0.3%植物营养素,间隔20天1次,每年喷施3~4次;或在果树中、短枝顶部 1～3 片叶开始失绿时,喷施 0.5％尿素加 0.3％硫酸亚铁混合液,效果显著,也可在树上果实直径 5 毫米大小时,喷施 0.25％硫酸亚铁加 0.05％柠檬酸加 0.1％尿素混合液,隔 10 天再喷 1 次,病叶可基本复绿。

4. 树干注射铁肥　此法适用于 5 年生以上的大树,其方法是:首先在树上打孔,孔的直径为 7 毫米,深度为 5～6 厘米,一般为树干周围每隔 120°角打一个孔,每株树打 3 个孔,用铁丝钩将木屑掏干净,将喷雾器的出水接口用锤子钉进打好的孔中,然后将踏板式喷雾器中充满的稀释好的药液(果树复绿剂用蒸馏水或软水稀释成 20 倍液,或 0.05％～0.08％硫酸亚铁水溶液),与出水接口连通,即可进行注射。每株成龄树注射 1 升,初果期树酌减。

5. 埋瓶法　强力注射法对 5 年生以下的小树不宜采用。近年来,濮阳县果树技术员秦广书、甘洪波等利用埋瓶法防治苹果、桃树黄叶病,收到了良好效果。具体方法是:将 0.1％硫酸亚铁水溶液灌入聚酯瓶中,每瓶容量约 500 毫升,于距树干 1 米以外的周围刨出黄化树的根系,将其插入瓶中,用塑料薄膜封口后埋土,每株树周围埋瓶 3～4 个,隔 5 天左右取出空瓶。实践证明:于 5 月中下旬采用此法防治,7～10 天后,黄叶可基本复绿。

十、苹果小叶病

为害诊断　主要表现在苹果的枝条、新梢和叶片上。病枝春季不能抽发新梢,俗称"光腿"现象,或抽生出的新梢节间极短,梢端细叶丛生成簇状,叶缘向上卷,质厚而脆,叶色浓淡不均且呈黄绿色,或浓淡不均,甚至表现为黄化与焦枯。

防治方法　缺锌引起的小叶病,要通过改良土壤和补充锌肥进行防治。主要措施有:增施有机肥,改良土壤,保证花期和幼果期水肥适当,增强树势;结合秋季施肥,补充锌肥,适当控制氮肥使用量;早春树体未发芽前,在主干、主枝上喷施 0.3％硫酸锌加 0.3％的尿素溶液;萌芽后对出现小叶病症状的叶片及时喷施

0.3%～1%硫酸锌溶液。

对不合理修剪导致的小叶病,主要采取如下措施进行防治:①正确选留剪锯口,避免出现对口伤、连口伤和一次性疏除粗度过大的枝;②对已经出现因修剪不当而造成小叶病的树体,修剪时要以轻剪为主。采用四季结合的修剪方法,缓放有小叶病的枝条,不能短截,加强综合管理,待 2～3 年枝条恢复正常后,再按常规修剪进行;也可用后部萌发的强旺枝进行更新;③对环剥过重、剥口愈合不好的树,要在剥口上下进行桥接,并对愈合不好的剥口用塑料膜包严;④严格控制树体的负载量,保持树势健壮。

十一、山楂叶螨

山楂叶螨又称山楂红蜘蛛、樱桃红蜘蛛,属于蛛形纲真螨目叶螨科。分布很广,遍及我国南北各地。寄主植物有苹果、梨、桃、杏、山楂、樱桃、核桃、樱花等。山楂叶螨和苹果红蜘蛛、二斑叶螨等都是果树上重要的红蜘蛛类害虫,发生普遍,为害严重,常造成苹果叶片枯焦和早期脱落,严重削弱树势,对苹果产量和品质影响极大。

为害诊断　山楂叶螨以成螨、若螨和幼螨刺吸叶片的汁液,大多先从叶背近叶柄的主脉两侧开始为害,出现许多黄白色至灰白色失绿小斑点,其上有丝网,严重时扩大连成一片,成为大枯斑,导致叶片呈灰褐色,迅速焦枯脱落(苹果红蜘蛛为害时,受害叶片不脱落)。常造成果树 2 次发芽开花,削弱树势,不仅当年果实不能成熟,还影响花芽形成和翌年的产量。

防治方法　防治山楂叶螨应从果园生态系统全局考虑,在做好休眠期防治和虫情测报的基础上,根据该虫的发生规律,抓住苹果开花前后和麦收前的 3 个关键时期,适期喷药,同时注意后期防除,以压低越冬虫螨,有效控制红蜘蛛的为害。

1.人工防治　在山楂红蜘蛛越冬前,在树主干或主枝上绑缚草把,诱集越冬雌螨。草把要上松下紧,待雌螨越冬结束后,将草把解下烧毁。同时,刮除粗老翘皮,及时清除落叶并对杂草进行深埋,也可以消灭山楂红蜘蛛的越冬雌螨。

2.药剂防治

(1)果树休眠期:在苹果树萌芽前,应用3～5波美度石硫合剂或20号柴油乳剂30倍液,喷洒枝干。

(2)果树生长期:防治应在越冬雌成螨出蛰活动盛期和第一代卵孵化盛期这两个关键时期进行。

在苹果开花前1周,即苹果树花蕾膨大、花序分离期,谢花后7～10天和苹果落花后25天左右喷药,喷药时,使叶片正、反两面着药均匀,可有效控制红蜘蛛为害。苹果开花前用0.4～0.5波美度石硫合剂。6月中下旬是叶螨种群上升最快的时期,世代重叠较为严重,应选择对各虫态都有杀伤效果的药剂。可选用的药剂有:20%甲氰菊酯1 000～2 000倍液、1.8%阿维菌素4 000～5 000倍液、噻螨酮(尼索朗)、50%四螨嗪5 000倍液、15%哒螨酮3 000～4 000倍液。上述药剂应轮换使用,以防红蜘蛛产生抗药性。

3.生物防治　山楂叶螨天敌很多,常见的有天敌昆虫,捕食螨类和病原微生物,应注意保护利用。

十二、苹果绵蚜

苹果绵蚜又称血蚜、赤蚜,俗称棉花虫,属于同翅目瘿绵蚜科。苹果绵蚜是国家二类检疫对象,是目前果树生产上的重要害虫之一。原产北美洲,20世纪20年代传入我国,在我国主要分布在山东、河北、辽宁和四川等地。其寄主植物主要有苹果、野苹果、海棠、花红、山定子和山楂等,在原发地还可为害洋梨、李、山楂、榆、花椒和美国榆。我国在20世纪80年代对苹果绵蚜已基本控制其为害,近年来部分管理粗放的果园苹果绵蚜又开始猖獗发生。

为害诊断　苹果绵蚜主要以成虫、若虫吸取寄主枝干、果实和根系的汁液为害。受害处有一簇白色棉絮状物,剥掉后可见红褐色虫体。受害组织因受刺激而形成虫瘿。在根上多为害近地面的根及根蘖苗,受害处呈瘤状;在枝干上多为害嫩皮和愈伤组织,出现瘤状凸起;在枝条上多为害芽,出现小瘤。虫瘿增大破裂后,易引发其他病虫的侵害,叶柄受害后变黑,叶片脱落;果实受害多在萼洼处,常导致发育不良。

防治方法

1.加强植物检疫　严格进行产地检疫和调运检疫。对来自疫区的苗木、接穗、果实及包装物等,要查验其植物检疫证书,并进行必要的复检,发现疫情要及时处理。建立无虫苗木繁育基地,供应健康苗木和接穗,是防止苹果绵蚜远距离传播扩散的有效办法。

2.加强果园管理　科学修剪,改善果园的通风透光条件,及时刮除粗翘皮,刮治腐烂病斑,剪除树体枝条上的绵蚜群落,铲除苹果树如海棠、沙果树等根蘖苗,并带出果园销毁。

3.保护利用天敌　苹果绵蚜有很多天敌,如蚜小蜂、七星瓢虫、异色瓢虫、草蛉等。其中蚜小蜂是一种重要天敌,发生期长,繁殖快,控制能力强,对苹果绵蚜有较强的抑制作用。7～8月是苹果绵蚜蚜小蜂的繁衍寄生高峰期,对苹果绵蚜的寄生率高达70％～80％,可使苹果绵蚜的种群数量显著下降。此时期果园应注意选择药剂及施药方法,以充分保护利用天敌,抑制苹果绵蚜发生,控制为害。

4.化学药剂防治

(1)树上喷药:在生长季节防治树上苹果绵蚜有两个关键时期。一是苹果展叶至初花期,此期是越冬绵蚜开始活动盛期,发生比较整齐;二是5月中下旬为绵蚜蔓延阶段,6月初为绵蚜二次迁移盛期,此期喷药,防效最好。其他时期要根据苹果绵蚜的发生程度,结合防治其他害虫及时喷药。较好的药剂有48％毒死蜱1 200～1 500倍液、10％吡虫啉3 000～4 000倍液等。因为苹果绵蚜分泌大量蜡质物,所以在药液中加入0.1％～0.3％的展着剂(如洗衣粉、洗涤灵等),可以提高防治效果。

(2)树下处理:苹果绵蚜发生较重的果区,可于果树发芽前将树干周围 1 米内土壤刨开,露出根部,每株撒施 5％辛硫磷颗粒剂 2～2.5 千克,原土覆盖,杀灭根部蚜虫。也可在 5 月上旬越冬若虫开始活动时用药剂灌根,每株树灌药液量 10 升左右,使树干周围地面直径 1 米范围内的药液渗透深度达 15 厘米左右,消灭土壤内的蚜虫。

(3)药剂涂干:将树干基部老皮削刮出一道宽 10 厘米左右的环,露出韧皮部,然后用毛刷涂抹药液,每株树涂药液 5 毫升,涂药后用塑料布或废报纸包扎好,通过内吸作用达到杀虫目的。适宜药剂有 10％吡虫啉 30～50 倍液。涂药时间以蚜虫为害初期为准,并将刮下的翘皮集中烧掉。

在施药中,喷雾必须均匀周到,压力要大些,喷头直接对准虫体,将其身上的白色蜡质毛冲掉,使药液触及虫体,以提高防治效果。同时,要注意科学合理用药,轮换用药,安全用药,以充分发挥药剂的增效、兼治作用,减缓抗药性。

十三、苹果黄蚜

苹果黄蚜又称绣线菊蚜、苹叶蚜虫。属于同翅目蚜科。此虫分布广泛,北起黑龙江、内蒙古,南到台湾、广东、广西。对一些常见园林植物和果树造成为害,如绣线菊、麻叶绣球、榆叶梅、海棠、樱花、苹果、山楂、柑橘、枇杷、李、杏等,不仅影响园林景观,还造成果树减产。

为害诊断 苹果黄蚜以成虫和若虫群集刺吸新梢、嫩芽和叶片的汁液。叶片被害后向背面横卷,影响新梢生长如树体发育,严重时造成树势衰弱。

防治方法

1.农业防治 由于苹果黄蚜以卵在枝杈、芽旁及树皮裂缝处越冬,因此果树落叶至翌年萌芽期间,是防治的最佳时间,结合秋、冬季果园管理,采用涂干、刮树皮、冬剪等措施进行防治,破坏越冬场所,降低虫口密度。

在果树生长期,苹果黄蚜多集中在嫩芽新梢处为害,应结合农事操作,剪除蚜口数量较多的新梢。

2.化学防治

(1)药液涂环:在果园内点片发生蚜虫时,或天敌数量较大时,可采用药液涂环措施。方法是:将树干刮除翘皮,涂上6厘米宽的药环,涂后用塑料膜包扎,蚜虫可在10天后死亡。药剂可选用40%乐果乳油5~10倍液。早春果树发芽前,可喷5%柴油乳剂杀死越冬卵。

(2)喷药防治:该虫发生严重时,结合防治其他的蚜虫类害虫,在果园内进行药剂防治。常用的药剂,有毒死蜱、啶虫脒、抗蚜威和吡虫啉等。

3.生物防治:保护并利用天敌。自然界中存的蚜虫的天敌,如七星瓢虫、龟纹瓢虫、叶色草蛉、大草蛉、中华草蛉以及一些寄生蚜和多种食蚜蝇,这些天敌对抑制蚜虫的发生具有重要的作用,应加以保护。

十四、桃小食心虫

桃小食心虫简称"桃小",又称桃蛀果蛾、桃小食蛾、苹果食心虫、桃食卷叶蛾等。属于鳞翅目蛀果蛾科。此虫分布广泛,在东北三省,河北、河南、山东、安徽、江苏、山西、陕西、甘肃、青海和新疆等果区,都有发生,是我国北部、西北部果区的主要害虫。其寄主有10多种,包括苹果、梨、山楂、花红、桃、李、枣、酸枣等,其中以苹果、枣、酸枣、山楂受害最重。在管理粗放的梨园中,虫果率高达50%以上,严重影响果实的质量和产量。

为害诊断 桃小食心虫为害苹果时,多从果实的胴部或顶部蛀入,2~3天后从蛀入孔流出水珠状半透明的果胶滴,不久胶滴干涸,在蛀入孔处留下一小片白色蜡质物,俗称"淌眼泪"。随着果实的生长,蛀入孔愈合成一个针尖大小的小黑点。幼虫蛀果后,在皮下及果内纵横潜食,果面上显出凹陷的潜痕,明显变形,造成畸形,称"猴头果"。幼虫在发育后期,食量增加,在果内纵横潜食,并排泄大量虫粪在果实内,造成所谓的"豆沙馅"。幼虫老熟后,在果实表面咬一个直径为2～3毫米的圆形脱落孔,孔外常堆积红褐色的新鲜虫粪。

防治方法 根据桃小在树上蛀果为害和在土壤中越冬的特点,防治桃小食心虫应采取树上防治和树下防治相结合、园内防治与园外防治相结合,药剂防治和人工防治相结合,苹果树防治和其他果树防治相结合的综合防治措施。

1. 地面防治

(1)秋冬季处理防治:根据桃小食心虫越冬茧、夏茧集中在果树根际土壤中的习性,在越冬幼虫出土前或第一代幼虫脱果入土化蛹时,在根际周围1米的地面扒开13～16厘米,或者培土约30厘米厚,可以消灭土壤中的幼虫(蛹),或使幼虫(蛹)窒息死亡,或用宽幅地膜覆盖在树盘上,防止越冬代成虫飞出产卵。此法如与地面药剂防治相结合,效果更好。

(2)药剂防治:在越冬幼虫出土前夕,或当越冬幼虫连续出土3～5天,且出土数量逐日增加时,或利用桃小性诱剂诱到第一头成虫时,采用撒毒土的方法向树盘及树冠下喷施药剂,杀死出土越冬幼虫时,每667平方米用15%乐斯本颗粒剂2千克,或50%辛硫磷乳油500克,与细土15～25千克充分混合,均匀地撒在树干四周,用手耙将药土与土壤混合、整平。乐斯本使用1次即可。辛硫磷应连施2～3次。也可以在越冬幼虫出土前,用48%乐斯本乳油300～500倍液,在地面直接喷药,耙松地表,杀死幼虫。

(3)昆虫病原线虫处理:对桃小食心虫发生严重的果园,在秋季幼虫脱果入土至翌年越冬幼虫出土前,将昆虫病原线虫随着果园浇灌施入土壤中,防治土壤中的桃小食心虫幼虫。

2. 树上防治

(1)药剂防治:树上喷药主要抓住卵孵化盛期和初孵幼虫裸露活动时进行防治。当性诱剂诱捕器连续诱到成虫,树上卵果率达

0.5％～1％时,开始进行树上喷药。常用的药剂有溴氰菊酯、氯氰菊酯、甲氰菊酯、灭幼脲和甲氨基阿维菌素等。

(2)摘除虫果:从6月下旬开始,及时摘除树上虫果和拾净落地虫果,并及时处理。

(3)果实套袋:全园果实套袋,可避免桃小食心虫为害。每年幼果期实行果实套袋。在果实采摘前15天去袋,使果实充分着色。

3.园外防治　由于中晚熟苹果采收时带走大量未脱果的幼虫,因此在大量堆放果实的场所,也应做好防治工作。在堆果场周围,挖沟撒沙土或石灰粉,然后堆放果实,可将脱果的幼虫集中消灭。

十五、苹果小卷叶蛾

苹果小卷叶蛾又名棉褐带卷蛾、苹小黄卷蛾、棉小卷叶蛾、网纹褐卷叶蛾、远东褐带卷叶蛾,俗称"舐皮虫",属鳞翅目卷叶蛾科。此虫除西北、云南、西藏外,全国各地均有分布;国外分布于印度、日本及欧洲。其食性杂,寄主范围广,但在北方主要为害苹果、桃、梨、山楂、柿、棉花和李等多种果树、林木以及农作物等。

为害诊断　苹小卷叶蛾主要是以幼虫为害果树的芽、叶、花和果实。以幼虫吐丝缀连叶片,潜藏在缀叶中取食为害,新叶受害较重。当树上有果实后,常将叶片缀贴在果实上,幼虫啃食果皮和果肉,受害果实上被啃食出形状不规则的小坑洼,所以称其为"舐皮虫"。发生严重的果园,果实受害率达2％～5％。

防治方法

1.刮树皮消灭越冬幼虫　秋季幼虫越冬后至春季幼虫出蛰前,彻底刮除剪锯口周围和主干枝杈上的老皮、翘皮,集中烧毁或深埋,消灭部分越冬幼虫。

2.人工摘除虫苞　在越冬幼虫出蛰为害及其他各代幼虫为害形成虫苞后,及时予以摘除,消灭其中的幼虫。

3.药剂防治 有40%的越冬幼虫在剪锯口处越冬,可在幼虫出蛰初期,用杀虫冥松,或倍硫磷等药剂涂抹在剪锯口等越冬场所,消灭在其中越冬的幼虫。也可在果树发芽后开花前或落花后,结合其他害虫防治,喷洒50%辛硫磷乳油800~1 000倍液,消灭出蛰幼虫。

4.及时防治第一代初孵幼虫 第一代幼虫发生整齐,是全年防治的重点。在第一代卵孵化盛期及幼虫期,适时喷药,可有效地减少以后各代的发生量,减少喷药次数。常用的药剂有灭幼脲、Bt粉剂、氯氰菊酯等。

5.诱杀成虫 用黑光灯、糖醋液或性诱剂等,在成虫发生期诱杀成虫。

6.保护利用天敌 苹小卷叶蛾的天敌有赤眼蜂、茧蜂、小蜂和一些捕食性蜘蛛。其中,赤眼蜂防治苹小卷叶蛾已获成功。山东省烟台市大面积利用松毛虫赤眼蜂防治此虫,防治效果达90%~98%。方法是在卵初盛期放蜂,隔4~5天放1次,共放3~5次,每次每株树放蜂1 000头。

第五章　桃病虫害及其防治

桃是重要的核果类果树,在我国分布范围广,栽种面积大,是深受人们喜爱的水果佳品。我国桃树上常见的病虫害,有桃树流胶病、桃穿孔病、桃疮痂病、桃蛀螟、桃蚜、桃瘤蚜和桃潜叶蛾等。

一、桃树流胶病

桃树流胶病在我国各桃产区均有发生,长江流域及以南地区受害更甚。一般果园发病率为30%～40%,重茬或管理粗放的果园则可达90%左右。美国、日本等国也均有此病发生的报道。该病主要为害桃树枝干,引起主干、主枝甚至枝条流胶,造成茎枝"疱斑"累累,树势衰弱,产量锐减,寿命缩短,甚至树体死亡,成为桃种植业中的一大障碍。

为害诊断

1. **生理性流胶**　主要发生在主干、主枝上。发病初期,病部稍肿胀,早春树液开始流动时,患病处流出半透明乳白色树胶,尤以雨后严重。流出的胶干燥时变褐,表面凝固呈胶冻状,最后变硬呈琥珀状胶块。流出的树胶大的直径有3厘米,有的更大。在树皮没有损伤的情况下仅见到球状膨大,若树皮有破伤,其内充满胶质。

2. **侵染性流胶**　主要为害枝干。病菌侵染当年生新梢,出现以皮孔为中心的瘤状凸起,当年不流胶。翌年瘤皮裂开,溢出胶液。发病初期,病部皮层微肿胀,暗褐色,表面湿润,后病部凹陷开裂,流出半透明且具黏性的胶液,潮湿多雨条件下胶液沿枝干下流,颜色变褐,呈胨状。干燥条件下,胶液积聚凝结,质地变硬,呈结晶硬球状,表面光滑发亮。发病后期,病部表面生出大量梭形或圆形的小黑点(病菌子座),这是与生理性流胶的最大区别。

防治方法 国内至今没有有效的药物防治桃流胶病,主要采取综合治理,以防为主的办法。

1. 治虫防病 对于流胶病的防治,重点要把果园的病虫害防治好,各地要针对本果园病虫害发生的特点加强防治。重点是防治蛀干害虫,减少虫伤。

2. 加强管理 要改善果园排水设施。桃树对果园积水较敏感,应积极防止。合理施肥,使植株生长旺盛,提高抗病性。合理修剪,减少枝干伤口。枝干涂白,预防冻害和日灼。

3. 刮除病斑 刮去胶液病斑,然后涂抹 1.5％噻霉酮 50～100 倍液。

4. 喷药保护 落叶后至发芽前浇施铲除性药剂,杀灭枝干病菌,如 45％代森铵 200～400 倍液。在桃树生长期,结合其他病害防治,在春季新梢旺盛生长季每隔 15 天左右喷施多菌灵、甲基硫菌灵、代森锰锌可湿性粉剂等进行保护,预防病菌侵入。

二、桃穿孔病

桃穿孔病是桃树上最常见的叶部病害,在世界各桃产区都有发生。该病包括细菌性穿孔、霉斑穿孔和褐斑穿孔 3 种,其中以细菌性穿孔最为常见,并广泛分布于全国各桃产区。桃树感染此病后,可造成大量叶片穿孔脱落,枝梢枯死,严重削弱树势,影响花芽分化,造成巨大损失。3 种穿孔病除为害桃外,还为害李、杏、樱桃等核果类果树。

为害诊断

1. 细菌性穿孔 主要为害桃树、李树叶片与枝梢。叶片发病,初期为水渍状小点,扩大后呈圆形或不规则形病斑,紫褐色至黑褐色,大小约 2 毫米左右,病斑周围水渍状并有黄色晕环,之后病斑干枯,病、健交界处发生一圈裂纹,脱落后形成穿孔;枝条受害以芽为中心形成长椭圆形病斑,边缘紫褐色,并发生裂纹和流胶,新梢顶端发黑,枝梢枯死;幼果感病后,初期发生水渍状褐斑,稍凹陷,在潮湿条件下,病斑上常出现黄色黏液;枝干染病后表皮变色、变粗糙,并纵向开裂,有的则整株枯死。

2. 霉斑穿孔　该病主要为害桃的新梢,也为害叶片、花和果实。侵染春梢时,以芽为中心形成长椭圆形病斑,边缘褐紫色,发生小裂纹深达木质部并流胶,随后被害梢枯死,严重影响翌年生长结果。对采果后的夏梢、秋梢,主要为害其叶片。叶片上病斑初为淡黄绿色,后变为褐色,近圆形或不规则形。叶片成熟后,病斑不扩大而脱落,形成穿孔。

3. 褐斑穿孔　为害叶片、新梢和果实。在叶片两面发生圆形或近圆形的病斑,边缘紫色或红褐色略带环纹,大小为 1～4 毫米;后期病斑上长出灰褐色霉状物,中部干枯脱落,形成穿孔,穿孔的边缘整齐,穿孔外常有一圈坏死组织。在新梢和果实上形成褐色、凹陷、边缘红褐色的病斑,上生灰色霉状物。

防治方法　加强果园的栽培管理,增强树势。合理施肥,增施有机肥,避免偏施氮肥;对地下水位高或土壤黏重的桃园,要改良土壤,及时排水;合理整形修剪,结合冬剪,及时剪除病枝,彻底清除病叶,集中烧毁或深埋。早春桃树萌芽前喷 5 波美度石硫合剂,或 45% 晶体石硫合剂 30 倍液、45% 代森铵 200～400 倍液、1.5% 噻霉酮 400～600 倍液,喷药时间最好选择天晴无风的日子;展叶后喷药防治,有效药剂有 65% 代森锌 500～600 倍液、50% 多菌灵 600～800 倍液、70% 甲基硫菌灵 800～1 000 倍液、硫酸锌石灰液(由 0.5 千克硫酸锌、2 千克石灰、100～125 升水)、72% 的农用链霉素 1 000～15 000 倍液;生长期多雨季节,可喷灭菌丹、克菌丹或代森锰锌等。

三、桃黑星病

桃黑星病又名疮痂病、黑点病、黑痣病,世界各核果栽培区都有分布。最初误认为是一种生理性病害,至1877年才确定为真菌病害。我国于1921年首次报道有该病发生,目前我国各桃产区均有发生,尤以北方桃区受害较重。除桃外,该病还为害梅、杏、李、扁杏等核果类果树。树种间以桃和青梅发病重,杏、李等次之。桃树中,以中晚熟品种受害重。

为害诊断 主要为害果实,也为害叶片和枝梢。果实受害多发生在果肩部。最初出现暗绿色的圆形小斑点。后扩大成2~3毫米的黑褐色痣状病斑,且病斑周围始终保持绿色。严重时,病斑聚合连片成疮痂状。病斑只限于果皮,不深入果肉。表皮组织染病坏死后,果肉继续生长,致使果实表面发生龟裂,但裂口浅而小,果实一般不腐烂。病斑多出现于果实的阳面,尤以果肩部为多。果梗受害后变褐干缩,常引起落果。叶片受害,背面出现不规则形或多角形灰绿色至紫红色的病斑,大小为0.5~1毫米。以后病斑干枯脱落,形成穿孔。枝梢受害后出现稍隆起、长圆形、浅褐色至黑褐色的病斑,大小为3~6毫米,并伴有流胶。病、健交界明显,病菌仅限表层为害。病斑表面可密生黑色小粒点,此即分生孢子丛。

防治方法

1.清除病残体 冬天修剪时,应彻底剪除树上的枯枝病梢,清除树上菌源,以减少病菌在生长期间的侵染机会。

2.药物防治 桃树萌芽前,喷布铲除剂3~5波美度石硫合剂,可以减轻初侵染时的程度或使之延迟发生。生长期喷药防治,落花后半个月至7月份,每隔15天选喷下列杀菌剂:40%氟硅唑、25%苯醚甲环唑、80%代森锰锌、70%代森铵、12.5%的腈菌唑、25%多菌灵、70%甲基硫菌灵和12.5%烯唑醇,防效良好。

3.加强栽培管理 合理施肥,提高树体抗病力,改善果园微生态条件。选择适当树形和密度,防止树冠相互交接,改善树冠内的通风透光条件。雨后要及时排水,降低湿度,使之造成不利于病菌侵染的环境。

四、桃蛀螟

桃蛀螟,属鳞翅目螟蛾科,又名桃斑螟、桃蠹螟,俗称桃蛀心虫、食心虫。桃蛀螟在我国分布遍及南北各地。寄主有桃、李、杏、石榴、梨、枣、樱桃、苹果、柿、核桃、板栗、无花果、高粱、玉米、粟、向日葵、蓖麻、姜、棉花和松树等。

为害诊断 桃蛀螟以幼虫食害果实、种子,受害果梗处留有附着虫粪的丝筒。水果类果实受害后,除果内有颗粒状虫粪外,还能引起流胶、腐烂、脱落、干果。初孵幼虫为害桃果时,多在果梗、果蒂基部或果与叶接触处吐丝作幕潜食,不久从果梗基部钻入果内,沿果核蛀食果肉,同时不断排出褐色粪便,堆在虫孔中有丝连接,并有黄褐色透明胶质。前期为害幼果,使果实不能发育,变色脱落或成僵果,虫害果常并发褐腐病。向日葵、高粱等作物的种子被蛀后,种仁被食尽,仅剩空壳。

防治方法 由于桃蛀螟寄主多,且有转主为害的特点,在防治方面,应以消灭越冬幼虫为主,结合果园管理除虫。桃果不套袋的果园,要掌握在关键时期喷药防治。

1. 农业防治 冬季要及时烧毁玉米、高粱、向日葵等作物的残株,将桃树老翘树皮刮净,集中处理,消灭越冬幼虫。桃树要合理修剪,合理留果,避免枝叶和果实密接。及时摘除虫果,捡拾落果,消灭果内幼虫。桃园内不间作玉米、高粱、向日葵等作物,减少虫源。也可在桃园种植少量向日葵,以引诱成虫产卵,然后集中在向日葵上防治。

2. 诱杀成虫 在桃园内安装黑光灯或用糖醋液诱杀成虫。

3. 果实套袋 掌握在越冬代成虫产卵盛期前(5月下旬前),及时套袋保护果实,可兼防桃小食心虫、梨小食心虫和卷叶蛾等多种害虫。

4. 化学防治 在各代卵期和第一代、第二代幼虫孵化初期,喷洒40%马拉硫磷1 500倍液、45%高效氯氰菊酯2 000倍液、

48％毒死蜱1 500倍液、25％灭幼脲1 200～1 500倍液等药剂。以上化学杀虫剂应在果实采收前15天停止施用。

五、桃蚜

桃蚜又称烟蚜、桃赤蚜，属同翅目蚜科。桃蚜分布极广，遍及全世界，在我国也分布普遍。寄主植物广泛，已知寄主植物有352种。其中越冬及早春寄主以桃为主，其他寄主有梨、李、梅、樱桃等蔷薇科果树；夏、秋寄主作物主要有白菜、甘蓝、萝卜、芥菜、芸苔、甜椒、辣椒、茄子、油菜、菠菜、烟草等多种作物。桃蚜可传播多种病毒病，是十字花科蔬菜、烟草、蔷薇科多种果树、花卉以及中草药的常见多发性害虫，也是保护地种植业中的重要害虫。

为害诊断　植物被害后，叶片变黄，呈不规则卷曲，最后干枯、脱落。

防治方法　对蚜虫的防治，策略上重点防除无翅胎生雌蚜，一般要求控制在点片发生阶段，将蚜虫控制在毒源植物上，消灭在迁飞前，即在有翅蚜产生之前防治。

1. 农业防治

（1）合理规划园田：桃树行间或桃园附近，不宜栽培十字花科蔬菜、烟草等夏季寄主。

（2）清洁果园：结合果园管理，清洁园地，铲除杂草，剪除残枝败叶，特别注意剪除或间去虫枝、虫叶，防止蔓延扩散；结合冬季修剪，剪除虫卵枝及被害枝，集中烧毁。

2. 生物防治　主要是保护利用天敌，尽量少用广谱性农药，选用适合的生物农药。如2.5％鱼藤酮乳油或25％硫酸烟碱乳油50毫升，对水30～40升，或0.3％苦参碱水剂，或0.3％印楝素乳油1 000倍液喷雾。

3. 化学防治　桃树花芽露红期喷药1次，可基本控制桃蚜为害。生长期喷药时要侧重叶片背面。可选药剂有：溴氰菊酯、马拉硫磷、吡虫啉或抗蚜威等。使用方法参见产品说明。

六、桃瘤蚜

桃瘤蚜又叫桃瘤头蚜。属同翅目蚜科。桃瘤蚜分布遍及全国,除为害桃外,还可为害李、杏、梅、樱桃和梨等,夏秋寄主为艾蒿及禾本科植物。

为害诊断 桃瘤蚜刺吸嫩枝、嫩叶汁液,桃叶背面受害后,由叶缘向背面纵卷,肿胀扭曲呈绳状,由绿色变为红色的伪虫瘿,虫体在卷叶内为害,受害处叶肉增厚,鲜嫩,最后干枯脱落。

防治方法 为害期的桃瘤蚜迁移活动性不大,可利用这种特性进行防治。

1. **农业防治** 及时发现并剪除受害枝梢烧掉是防治桃瘤蚜的重要措施。结合冬剪,剪除有虫卵的枝条。

2. **生物防治** 注意保护和利用天敌(可参考桃蚜)。

3. **化学防治** 芽萌动期,用拟除虫菊酯类药剂喷雾,消灭初孵若蚜。桃瘤蚜在卷叶内为害,叶面喷雾防治效果差,喷药最好在卷叶前进行,或喷洒内吸性强的药剂,以提高防治效果。5~6月份为害高峰期,可喷吡虫啉、啶虫脒等药剂。其他防治方法可参考桃蚜。

七、桃潜叶蛾

桃潜叶蛾又名桃叶潜蛾,属鳞翅目潜叶蛾科。桃潜叶蛾分布于河南、山东、河北、陕西等地。寄主有桃、杏、李、樱桃、苹果和梨。

为害诊断 主要以幼虫潜食叶肉组织,在叶中纵横窜食,形成弯曲的虫道,并将粪粒充塞其中,致使叶片最终干枯、脱落。

防治方法

1. **农业防治** 桃潜叶蛾越冬场所复杂。要全面清理越冬场所,降低虫口基数,是防止翌年发生为害的关键。受害比较严重的桃园,冬季修剪时要适当加重修剪量,将树上病虫枝、枯枝及伤残枝彻底剪除。用刮刀或其他器具刮除老树皮,尤其是在有该虫越冬迹象的地方需要认真刮净,刮后涂刷石硫合剂浆液,刮除的树皮要集中处理。结合冬季管理,对桃园土壤实行深翻。清扫枯枝落叶,清除田边地头杂草,将清理修剪下的枝叶集中烧毁。

2.诱杀成虫 用黑光灯或性诱剂诱杀成虫。性诱剂诱杀成虫方法如下:选一广口容器,盛水至离边沿1厘米处,水中加少许洗衣粉,然后用细铁丝串上含有桃潜叶蛾成虫性外激素制剂的橡皮诱芯,固定在容器口中央,即成诱捕器。将制好的诱捕器悬挂于桃园中,距地面1.5米,每667平方米挂5~10个。夏季气温高,蒸发量大,要经常给诱捕器补水,保持水面的适当高度。

3.药剂防治 由于桃潜叶蛾1年繁殖多代,且世代重叠严重,因此控制该虫为害的关键,是搞好1、2代幼虫的防治。每年4月上旬起,在田间设置桃潜叶蛾性引诱剂,监测桃潜叶蛾成虫的发生动态。当成虫发生达到高峰时,即可组织开展喷药防治。

果树休眠期喷施5%矿物油乳剂,或0.1%二硝甲酚油乳剂1次,可以消灭越冬蛹。成虫发生期,集中种植与分户承包的桃园,对桃潜叶蛾的防治工作必须同步开展。选择高效、安全、低毒农药,以25%灭幼脲2 000倍液和4.5%高效氯氰菊酯2 000倍液混合使用效果较好。其他药剂还可选用杀螟硫磷、溴氰菊酯或三苯氯氰菊酯等。

八、朝鲜球坚蚧

朝鲜球坚蚧又名朝鲜球坚蜡蚧、杏球坚蚧、桃球坚蚧、杏毛球蚧等,俗称树虱子。属同翅目蜡蚧科。分布在黑龙江、吉林、辽宁、河北、河南、山东、陕西、宁夏、湖北等地。寄主植物有李、杏、桃、樱桃、苹果、梨,其中以桃、杏受害重。

为害诊断 以若虫、雌成虫固着在寄生枝条上,吸食树液,并排出大量黏液。寄主枝条上经常介壳累累,导致树势极度衰弱,造成死枝、死树。

防治方法

1.清明前的防治　人工刷除蜡质介壳。利用球坚蚧冬季以2龄若虫固着在枝干上越冬的特性,冬春用刮刀或小铲将寄生在枝干上的介壳及老树皮刮掉,并用泥浆涂干,以保护树干免受病菌侵染。注意刷下的介壳及老皮一定要集中烧毁。可喷施3～5波美度石硫合剂或100倍液机油或柴油乳剂或蚧螨灵,效果很好。可铲除蚜虫、叶螨、蚧虫,同时兼治干腐病、腐烂病、轮纹病。注意喷药要周到,做淋洗式喷布。石硫合剂在桃树上还可防治桃缩叶病。

2.越冬出蛰后爬迁期的防治　此时为防治朝鲜球坚蚧的第一次关键时期。如未使用上面的药剂,可使用10%吡虫啉可湿性粉剂4 000倍液,或48%毒死蜱乳油1 500倍液。这些药剂也可兼治蚜虫。

3.第一代若虫孵化期的防治　在若虫孵化后未形成介壳前及时喷药,是防治的关键。这个时期仅几天时间,待蜕皮形成介壳后,因有蜡保护,药剂很难渗透蜡层。除春季使用的药剂外,还可使用杀扑磷、啶虫脒或其他菊酯类农药。为提高药效可混加一些展着剂、增效剂等。受害严重时,可在5天后再喷1遍药。

4.保护和利用自然天敌　可利用黑缘红瓢虫来防治该虫。1头黑缘红瓢虫一生可食2 000余头朝鲜球坚蚧。

5.农业防治　通过增施有机肥等措施,加强果园肥水管理,增强树势,合理负载,提高树体抵抗力;合理密植和修剪,改善园地和树冠通风透光条件,恶化介壳虫类害虫的生活环境。

九、桑白蚧

桑白蚧又名桑盾蚧、桃介壳虫,属同翅目盾蚧科。

桑白蚧在我国分布很广,南北果区均有发生,是桃树、李树的重要害虫。还可为害梅、杏、桑、茶、柿、无花果、杨、柳、丁香等多种树木。在河北省和北京市等地为害严重。

为害诊断　以雌成虫和若虫群集固着在枝干上吸食养分,严重时,灰白色的介壳密集重叠,形成枝条表面凹凸不平,树势衰弱,枯枝增多,甚至全株死亡。若不加以防治,3～5年内可将桃园毁灭。

防治方法

1. 人工防治 因桑白蚧介壳较为松弛,可用硬毛刷或细钢丝刷,刷除寄主枝干上的虫体(越冬和生长季节均可)。结合整形修剪,剪除被害严重的枝条。

2. 化学防治

(1)喷药防治若虫:各代若虫固定前的活动期,对药剂极为敏感;若虫一旦固定,很快分泌蜡质保护虫体,化学防治效果显著下降。因此,要抓住此关键时期,选择有效药剂,达到只用1次药剂就可控制其为害的目的。推荐使用48%毒死蜱1 500倍液,或40%杀扑磷1 500倍液。

(2)树干注射法用药:在介壳虫发生严重的5年生以上果园,于越冬雌成虫虫体膨大前,在距地面50厘米处的树干上,垂直钻10厘米深的孔洞,深度至树干髓部,再用医用针管吸取具有内吸传导作用的10%吡虫啉可湿性粉剂5倍液2～3毫升注入孔洞,防治介壳虫类及螨类效果甚佳。此技术还具有省药、见效快、污染轻的优点。

3. 保护和利用天敌 田间寄生蜂的自然寄生率比较高,有时可达70%～80%;此外,瓢虫、方头甲、草蛉等的捕食量也很大,均应注意保护。一些害虫天敌在翘皮下、裂缝中越冬,故刮皮后可将刮下的老皮、翘皮收集到一起,放于纱笼内饲养,将收集到的天敌(瓢虫、草蛉等)释放于田间,然后将树皮烧毁。另外,桑白蚧恩蚜小蜂于桑白蚧越冬虫态内越冬,故冬剪下来的带虫枝可悬挂于果园内,等到5月中下旬寄生蜂羽化后,再将枝条烧毁。同时,化学防治应抓住介壳虫孵化盛期喷药,可达到既保护天敌,又消灭介壳虫的目的。

十、桃红颈天牛

桃红颈天牛,属鞘翅目天牛科。除东北的黑龙江、吉林,西北的新疆、宁夏和西南的云南、贵州及西藏地区尚未有记录外,其余各省、自治区和直辖市均有发生,而以山东、山西、河北、河南、内蒙古、陕西发生比较普遍,特别是丘陵地区的杏、桃树受害更重。寄主除杏、桃外,还有李、梅、樱桃等。

为害诊断 以幼虫在寄主树干基部附近的皮下,为害形成层和木质部,蛀成隧道,造成树干中空,皮层脱离。受害轻时,生机衰退,春季发芽晚,果量锐减;受害重者,则整株死亡。

防治方法

1. 农业防治 不偏施氮肥,加强树体管理,增强树势,降低天牛为害;及时清除天牛为害严重且难以恢复的虫源树,防止扩大传播。

2. 人工防治 利用天牛成虫的假死性,在 6～7 月成虫发生期开展人工捕杀或振树捕杀。成虫出现期在一个果园一般不超过 10余天,并且比较整齐,在此期间捕打成虫,收效较大。河北怀来县群众发现,桃红颈天牛在 12～13 时从树冠下到树干基部,群集休息,可以捕捉,连续数天,基本可以控制为害。9 月前,孵化的桃红颈天牛幼虫即在树皮下蛀食,这时可在主干与主枝上寻找细小的红褐色虫粪,一旦发现虫粪,即用锋利的小刀划开树皮,将幼虫杀死。在大幼虫为害阶段,根据枝上及地面的蛀屑和虫粪,找出被害部位后,用铁丝将幼虫钩杀。6 月上旬成虫产卵前,用涂白剂涂刷桃树枝干,防止天牛产卵,或在主干上绑草绳引诱产卵。涂白剂配方为:生石灰 10 份,硫磺(或石硫合剂渣)1 份,食盐 0.2 份,动物油0.2 份,水 40 份,混合而成。在主干绑草绳引诱天牛产卵后,要将草绳集中灭卵(桃红颈天牛产卵在主干树皮缝内,距地面 35 厘米)。

3. 生物防治 保护、招引啄木鸟,对多种天牛有良好的控制作用。利用白僵菌和绿僵菌防治天牛幼虫,制成膏剂或粉剂放入幼虫虫道及蛀孔。保护利用寄生蜂。于4~5月晴天中午,在桃园内释放肿腿蜂(红颈天牛天敌),杀死天牛小幼虫,开展生物防治。

4.药剂防治　在虫洞内塞入磷化铝0.1克或硫酰氟,或用注射器注入50％辛硫磷,然后用泥封堵,对木质部活动幼虫防治效果好。在成虫发生量较大时,用50％辛硫磷乳油1 000倍液等喷洒桃树主干,尤其要重点喷主干1米以下的部位,可消灭初孵幼虫或成虫。

5.糖醋液诱杀成虫　6月底至8月中旬成虫发生期,在桃园内每20~30米挂糖醋液罐1个,诱杀成虫效果显著。

第六章　香蕉病虫害及其防治

一、香蕉束顶病

香蕉束顶病是香蕉的重要病害之一。我国广东、广西、福建、海南、云南及台湾等省区均有发生,一般发病率可达 10%～30%,有的甚至高达 50%～80%。

为害诊断　香蕉束顶病造成香蕉新长出的叶片,一片比一片短而窄小,植株矮缩,叶片硬直并成束长在一起。病株老叶颜色比健株的黄些,新叶则比健株的较为浓绿。叶片硬而脆,很易折断。在嫩叶上有许多与叶脉平行的淡绿和深绿相间的短线状条纹,叶柄和假茎上也有,蕉农称为"青筋"。病株分蘖多,根头变紫色,无光泽,大部分根腐烂或变紫色,不发新根。染病蕉株一般不能抽蕾。

防治方法　选种无病蕉苗,新蕉区最好用组培苗。增施磷、钾肥,合理轮作,彻底挖除病株,挖前先喷药杀蚜,铲除蕉园附近蚜虫的寄主,并于每年开春后清园时喷药杀死蚜虫。

及时喷药消灭蕉园中的交脉蚜。一般在 3～4 月和 9～11 月喷药防治,可喷 70%必喜三号(吡虫啉)水分散粒剂 10 000～15 000 倍液,或 50%抗蚜威 2 000 倍液,或 40%毒丝本 1 000～1 500 倍液,或 20%康复多浓可溶剂 6 000～8 000 倍液。

病害发生初期喷药防治,可用 2%宁南霉素 250～300 倍液,或 20%小叶敌灵水剂 500～600 倍液,或 20%毒灭星可湿性粉剂 500 倍液,或 0.5%抗毒剂 1 号水剂 300 倍液,或 5%菌毒清可湿性粉剂

400 倍液,喷雾、灌根或注射,防治香蕉花叶心腐、束顶病等病毒病。或用 2‰好普水剂 1 000 倍液＋绿邦 98(果树型)600 倍液,或 15%病毒必克可湿性粉剂 800 倍液＋植物龙 1 000 倍液,或 20%病毒克星可湿性粉剂 500 倍液,或 1.5%植病灵乳剂 1 000 倍液实施叶面喷雾,每隔 5～7 天喷药 1 次,共喷 3～4 次。干旱季节可同时加10%大拇指可湿性粉剂 2 000～2 500 倍液喷施防治蚜虫。

二、香蕉炭疽病

香蕉炭疽病分布较广,福建、台湾、广东、广西等地普遍发生。主要为害成熟或近成熟的果实,尤其为害贮运期的果实最为严重。

为害诊断　香蕉炭疽病主要为害蕉果。初在近成熟或成熟的果面上出现"梅花点"状淡褐色小点,后迅速扩大并联合为近圆形至不规则形暗褐色稍凹陷的大斑或斑块,其上密生带黏质的针头大小点,随后病斑向纵横扩展,果皮及果肉亦变褐腐烂,品质变坏,不堪食用。干燥天气,病部凹陷干缩。果梗和果轴发病,同样长出黑褐色不规则病斑,严重时全部变黑干缩或腐烂,后期亦产生朱红色黏质小点。

防治方法　选种高产、优质的抗病品种和加强水肥管理,增强植株生长势,提高抗病力。及时清除和烧毁病花、病轴和病果,并在结果始期进行套袋,可减少病菌侵染。当地销售的可在成熟度达九成时采收,远地销售的应提前到成熟度为八成或七成时采收。采收应选择晴天,采果及贮运时要尽量避免损伤果实。

结实初期开始喷药保护果实,每隔 10～15 天喷药 1 次,连喷3～4次。如遇雨则隔 7 天左右喷 1 次,着重喷果实及附近叶片。药剂可选用 25%拢总好(多菌灵＋咪鲜胺)可湿性粉剂 600～700 倍液,或 80%炭疽福美可湿性粉剂 600 倍液,或 33.5%必绿二号悬浮剂 1 500～2 000 倍液,或 50%金乙生(乙膦铝＋大生)可湿性粉剂800～1 000 倍液,或 80%施普乐(代森锌)可湿性粉剂 500～600 倍液,或 75％百菌清可湿性粉剂 500～800 倍液,或 50％多菌灵可湿性粉剂 800～1 000 倍液,或 70％甲基硫菌灵可湿性粉剂 800～1 000 倍液加 0.2％木薯粉或洗衣粉,防效更好。

采果后用 50％扑海因 250 倍液,或 50％抑霉唑 500 倍液,或 45％施保克浓乳剂 1 000～2 000 倍液,或 45％特克多悬浮剂 450～600 倍液浸果 1 分钟(浸没果实),捞出晾干,可控制贮运期间烂果。贮运库、室消毒,可喷洒 5％福尔马林,或用硫磺熏蒸 24 小时进行消毒。

三、香蕉黑星病

香蕉黑星病分布比较广,福建、台湾、广东、广西、云南等地香蕉种植区普遍发生。

为害诊断 香蕉黑星病主要为害叶片和青果,较少为害熟果。叶片发病,在叶面及中脉上散生或群生许多小黑粒,后期小黑粒周围呈淡黄色,中部稍凹陷,病斑密集成块斑,叶片变黄而凋萎。青果发病,多在果肩弯背部产生许多小黑粒,果面粗糙,随后许多小黑粒聚集成堆。果实成熟时,在每堆小黑粒周围形成椭圆形的褐色小斑;不久病斑呈暗褐色或黑色,周缘呈淡褐色,中部组织腐烂下陷,其上的小黑粒凸起。

防治方法 注意果园卫生,经常清除销毁病叶残株。不偏施氮肥,增施有机肥和钾肥,提高植株抗病力;疏通蕉园排灌沟渠,避免雨季积水;抽蕾挂果期,用纸袋或塑料薄膜套果,减少病菌侵染。果实套袋防雨水流溅,隔离病菌。套袋前后各喷 1～2 次杀菌剂,效果更好。

在叶片发病初期或在抽蕾后芭叶未开前,及时喷药保护。可用 62.25％惠生(腈菌唑锰锌)可湿性粉剂 800～1 000 倍液,或 25％粉锈通(三唑酮)可湿性粉剂 1 000～1 200 倍液,或 75％百菌清可湿性粉剂 800～1 000 倍液,或 80％好意(代森锰锌)可湿性粉剂 800～1 000 倍液,或 50％乙生(乙膦铝＋大生)可湿性粉

剂 800～1 000 倍液,或 40％氟硅唑乳油 2 500～3 000 倍液,或
12.5％腈菌唑可湿性粉剂 800～1 000 倍液,或 50％多菌灵 800～
1 000倍液,或 40％灭病威悬浮剂 600～800 倍液,或 5％仙星乳油
500 倍液,或 25％腈菌唑乳油 500～1 000 倍液,或 25％丙环唑乳油
1 000～1 500 倍液,或 50％苯菌灵可湿性粉剂 1 500 倍液,或 36％
甲基硫菌灵悬浮剂 800 倍液,或 70％甲基硫菌灵超微可湿性粉剂
1 000倍液,喷病叶或果实,重点喷果实。雌花开完后开始喷药,连
续喷 3 次,约 15 天 1 次。喷药后,用塑料薄膜套果。

四、香蕉花叶心腐病

香蕉花叶心腐病现已成为香蕉重要病害之一。在我国广东、
广西、福建、云南等地均有该病发生。广东的珠江三角洲为重发病
区,有些蕉园发病率高达 90％以上。

为害诊断 香蕉花叶心腐病属全株性病害。病株叶片出现褪
绿黄色条纹,呈典型花叶斑驳状,尤以近顶部 1～2 片叶最明显,叶
脉稍肿凸。假茎内侧初现黄褐色水渍状小点,后扩大并联合成黑
褐色坏死条纹或斑块。早发病幼株矮缩甚至死亡;成株感病则生
长较弱,多不能结果,即使结实也难长成正常蕉果。当病害进一步
发展时,心叶和假茎内的部分组织出现水渍状病区,之后坏死,变
黑褐色腐烂。纵切假茎可见病区呈长条状坏死斑,横切面呈块状
坏死斑。有时根茎内也发生腐烂。

防治方法 苗期要加强防虫防病工作,10～15 天喷 1 次 70％
必喜三号(吡虫啉)水分散粒剂 10 000～15 000 倍液,或 50％抗蚜
威 2 000 倍液,或 40％毒丝本 1 000～1 500 倍液等杀死蚜虫,同时
加喷一些助长剂(如金珠叶面肥等)和防病毒剂(如 10％小叶敌灵
水剂 800～1 000 倍液或 10％毒灭星可湿性粉剂 800～1 000 倍
液),提高植株的抗病力,尤其是在高温干旱季节。

及时铲除田间病株和消灭传病蚜虫。发现病株要在短时间内
尽快全部挖除;在挖除病株前后,要用 70％必喜三号(吡虫啉)水分

散粒剂 10 000～15 000 倍液,或 50％抗蚜威 2 000 倍液,或 40％毒丝本 1 000～1 500 倍液,或 5％鱼藤酮乳油 1 000～1 500 倍液,或 44％多虫清乳油 1 500～2 000 倍液,或 10％吡虫啉可湿性粉剂 3 000～4 000 倍液,或 2.5％氯氟氰菊酯乳油 2 500～3 000 倍液喷布病株和病穴,杀死带毒蚜虫。挖出的病株、蕉头和吸芽可就地斩碎、晒干,然后搬出园外烧毁。

五、香蕉褐缘灰斑病

香蕉褐缘灰斑病又称香蕉尾孢菌叶斑病,在我国各香蕉产区普遍发生。主要为害叶片,引起蕉叶干枯,造成植株早衰,发病重者减产 50％～75％。

为害诊断　香蕉褐缘灰斑病通常先发生于下部叶片,后渐向上部叶片扩展。病斑最初为点状或短线状褐斑,先见于叶背,然后扩展成椭圆形或长条形黄褐色至黑褐色病斑,或多数病斑融合成不规则黑褐色大斑。融合后病斑周围组织黄化。在同一叶片上,通常叶缘发病较重,病斑由叶缘向中脉扩展,重者可使整张叶片枯死。

防治方法　及时清除蕉园的病株残体,减少初侵染源。多施磷、钾肥,不要偏施氮肥。水田蕉园应挖深沟,雨季及时排水。控制种植密度。

在发病初期或从现蕾期前 1 个月起进行喷药防治。常用的药剂有:75％百菌清可湿性粉剂 800～1 000 倍液,或 70％甲基托布津可湿性粉剂 800 倍液加 0.02％洗衣粉,或 25％多菌灵可湿性粉剂 800 倍液加 0.04％柴油,或 25％丙环唑乳油 1 000～1 500 倍液,或 40％灭病威悬浮剂 600～800 倍液,或 42％代森锰锌悬浮剂 600～800 倍液,或 25％腈菌唑乳油 500～1 000 倍液,或 23％应得悬浮剂 1 000～1 500 倍液等。全株喷雾 3～5 次,每隔 10～20 天喷 1 次效果好,也可延缓产生抗药性。药剂应轮换使用,以免病菌产生抗药性。

六、香蕉交脉蚜

香蕉交脉蚜属同翅目蚜科。在华南各蕉区均有分布,主要传播香蕉束顶病。

为害诊断 交脉蚜刺吸为害蕉类植物,使植株生势受影响,更严重的是因吸食病株汁液后能传播香蕉束顶病和香蕉花叶心腐病,对香蕉生产有很大的为害性。

有翅蚜体深红,复眼红棕色,触角、腹管和足的腿节、胫节的前端呈暗红色,头部明显长有角瘤,触角6节,并在其上有若干个圆形的感觉孔,腹管圆筒形,前翅大于后翅。孤雌生殖,卵胎生,幼虫要经过4个龄期以后,才变成有翅或无翅成虫。

防治方法 一旦发现病植株,立即喷洒杀虫剂,彻底消灭带毒蚜虫,再将病株及其吸芽彻底挖除,以防止蚜虫再吸食毒汁而传播。

春季气温回升、蚜虫开始活动至冬季低温到来蚜虫进入越冬之前,应及时喷药杀虫。有效的药剂为70%必喜三号(吡虫啉)水分散粒剂10 000~15 000倍液,或50%抗蚜威2 000倍液,或40%毒丝本1 000~1 500倍液,或5%鱼藤精乳油或24%快灵液剂1 000~1 500倍液,或10%吡虫啉可湿性粉剂3 000~4 000倍液,或2.5%氯氟氰菊酯乳油2 500~3 000倍液,或50%抗蚜威可湿性粉剂1 000~1 200倍液,或44%多虫清乳油1 500~2 000倍液。

七、香蕉弄蝶

香蕉弄蝶属鳞翅目弄蝶科,是蕉园的重要害虫。主要分布于广西、广东、海南、福建、台湾、云南、贵州、湖南等地。

为害诊断 以幼虫吐丝卷叶结成叶苞,藏于其中取食蕉叶,发生严重时,蕉株叶苞累累,蕉叶残缺不全,甚至只剩下中脉,阻碍生长,影响产量。

雄成虫体黑褐色或茶褐色的蝴蝶。头胸部密被灰褐色鳞毛。

触角端部膨大呈钩状,近膨大部分白色。前翅近基部被灰黄色鳞毛,翅中部有2个近长方形大黄斑,近外缘有1个近方形小黄斑,前后翅缘毛均呈白色。卵圆球形而略扁,卵壳表面有放射状白色线纹,初产时黄色,渐变红色。成长幼虫体被白色蜡粉,头黑色,略呈三角形。蛹为被蛹,圆筒形,淡黄色,被有白色蜡粉。

防治方法 重点消灭越冬幼虫,认真清理蕉园,采集虫苞集中处理。在发生为害的高峰时期,也可采用人工摘除虫苞或用小枝条打落虫苞的方法,集中杀死其中幼虫、蛹。

掌握幼虫低龄期,采用92%杀虫丹、5%抑太保均1 500倍液,或用40%毒丝本乳油1 000～1 500倍液,或40%毒死蜱乳油1 000～1 500倍液,或苏云金杆菌粉剂(含活芽孢100亿个/克)500～1 000倍液,或5%伏虫隆乳油1 500～2 000倍液,或10%吡虫啉可湿性粉剂3 000～4 000倍液,或2.5%氯氟氰菊酯乳油2 500～3 000倍液,叶面喷雾,杀死幼虫。

八、香蕉假茎象鼻虫

香蕉假茎象鼻虫属鞘翅目象甲科,是蕉园的重要害虫。主要分布于广西、广东、海南、福建、台湾、云南、贵州、湖南等地。

为害诊断 该虫是我国香蕉最重要的钻蛀性害虫,主要以幼虫蛀食假茎、叶柄、花轴,造成大量纵横交错的虫道,妨碍水分和养分的输送,影响植株生长。受害株往往枯叶多,生长缓慢,茎干细小,结果少,果实短小,植株易受风害。

成虫体长圆筒形,全身黑色或黑褐色,有蜡质光泽,密布刻点。头部延伸成筒状略向下弯,触角所在处特别膨大,向两端渐狭,触角膝状。鞘翅近基部稍宽,向后渐狭,有显著的纵沟及刻点9条。腹部末端露出鞘翅外,背板略向下弯,并密生灰黄褐色绒毛。卵乳白色,长椭圆形,表面光滑。老熟幼虫体乳白色,肥大,无足。头赤褐色,体多横皱。蛹乳白色,头喙可达中足胫节末端,头的基半部具6对赤褐色刚毛,3对长,3对短。

防治方法 冬季清园,在 10 月砍除采果后的旧蕉身;对一般植株要在冬季自下而上检查假茎,清除虫害叶鞘,深埋土中或投入粪池沤肥。每年在春暖后至清明前,结合除虫进行圈蕉,可以减少虫害株;在 8～10 月割除蕉身外部腐烂的叶柄、叶鞘亦能消除成虫和幼虫。

每年 4～5 月和 9～10 月,在成虫发生的两个高峰期,于傍晚喷洒嘧啶氧磷、巴丹、杀虫双等杀虫剂,自上而下喷湿假茎,毒杀成虫。未抽蕾植株可在"把头"处放 3.6% 杀虫丹 10 克/株,或 5% 佳丝本颗粒剂 3～6 克/株,或 5% 辛硫磷 3～5 克/株,毒杀蛀食的幼虫。

可用 40% 毒丝本乳油 1 000～1 500 倍液,或 50% 辛硫磷乳油 1 000 倍液,于 1.5 米高假茎偏中髓 6 厘米处注入,150 毫升药液/株。

在蕉园蕉身上端叶柄间,或在叶柄基部与假茎连接的凹陷处,放入少量茶枯粉,或 25% 杀虫双水剂 500 倍液,或 40% 毒丝本乳油 1 000～1 500 倍液自上端叶柄淋施。

第七章　葡萄病虫害及其防治

一、葡萄霜霉病

葡萄霜霉病是一种世界性葡萄病害,除高温干旱地区外,世界各地葡萄产区均有发生。

为害诊断　病害严重时,病叶焦枯早落,病梢生长停滞、扭曲、枯死。果实染病后引起大量落果,严重地影响产量和品质。

主要为害叶片,也为害新梢、穗轴、叶柄、卷须、幼果、果梗及花序等幼嫩部分,叶正面形成多角形的黄褐色病斑,叶片背面产生白色的霜霉状物。

1.叶片受害　初期在叶片正面出现不规则水渍状斑块,边缘不清晰,浅绿色至浅黄色,病斑互相融合后,形成多角形大斑,后期病斑变为黄褐色或褐色干枯,边缘界限明显,病叶常干枯早落。在潮湿的条件下,叶片背面出现白色霜状霉层(即病菌的孢囊梗和孢子囊),新梢、穗轴、叶柄、卷须感病初期出现水渍状斑点,逐渐变为黄绿色至褐色微凹陷的病斑,表面产生白色霜状霉层,病梢生长停滞,发生扭曲,严重时枯死。

2.果实发病　多在初期染病,幼果染病后,病部褪色并变成褐色,表面产生白色霉层,最后萎缩脱落。较大果粒感病时,呈现红褐色病斑,内部软腐,最后僵化开裂。果粒着色后,一般不再受侵染。感病果实含糖量低,品质变劣。

防治方法　防治该病主要应抓好3个关键环节,即采取清洁果园,减少初侵染源;加强栽培管理,降低小气候湿度并提高抗病能力;适时喷药,保护幼嫩组织。

1. 清洁果园　秋季结合修剪，及时收集并销毁带病残体，特别在晚秋要彻底清扫落叶，烧毁或深埋，减少越冬的菌源。发病初始期发现染病花序、叶片和果粒，应及时摘除深埋。

2. 加强栽培管理　合理修剪，尽量剪去接近地面的不必要的枝蔓，使植株通风透光良好，降低空气相对湿度，以减少病菌初侵染的机会。要适时灌水，雨季注意排水。增施磷、钾肥，避免偏施氮肥，以提高植株的抗病力。对于常年严重发病的葡萄园，应考虑定植和更新抗病性较强的品种。

3. 施药保护　发病前，结合防治其他病害，喷布 1∶0.7∶（200～240）波尔多液，对预防葡萄霜霉病有特效。发病后，在发病初期喷洒内吸性杀菌剂，常用药剂有：58% 甲霜灵锰锌可湿性粉剂 600～800 倍液，90% 乙膦铝可湿性粉剂 600 倍液，69% 烯酰锰锌可湿性粉剂 1 500 倍液等。上述药剂要交替使用，隔 15～20 天喷 1 次，根据发病情况连续喷药 2～4 次。烯酰吗啉、松脂酸铜和琥珀酸铜等药剂，也有良好的防治效果。

二、葡萄白腐病

葡萄白腐病又称腐烂病、水烂病、烂穗病，全球分布，是葡萄的重要病害之一。我国北方产区，一般年份因该病发生所造成的果实损失率在 15%～20%，病害流行年份果实损失率达到 60% 以上。

为害诊断　主要为害果穗、果粒、枝蔓和叶片等部位，其中重点为害果穗。穗轴和果粒受害后，往往造成穗轴腐烂，果粒脱落，损失最为严重。

1. 果穗受害　多发生在果实开始着色时期。一般先发生在接近地面的果穗尖端，首先在小果梗或穗轴上发生浅褐色、水渍状、不规则病斑，进而病部皮层腐烂，手捻极易与木质部分离脱落，并有土腥味。

2. 果粒感病　多从果柄处开始，逐渐蔓延至果粒。首先基部变淡褐色软腐，并迅速使整果变褐腐烂，果面密布白色小粒点（即病菌的分生孢子器),严重发病时常全穗腐烂,果穗及果梗干枯缢缩,病果和病穗极易脱落。果穗成熟前,病果粒略带黄色,外观不饱满,病菌的分生孢子器使寄主表皮层隆起,但不破裂,病果粒苍白色,最终脱落。有时病果不落,而失水干缩成有棱角的僵果,悬挂树上,长久不落。

3.新梢发病 多在伤口(如摘心部位或机械伤口处)或节部发病。从植株基部发出的徒长枝,因组织幼嫩,很易造成伤口,发病率高。病斑呈水渍状,淡褐色,不规则,并具有深褐色边缘的腐烂斑。病斑纵横扩展,以纵向扩展较快,逐渐发展成暗褐色、凹陷、不规则形的大斑,表面密生灰白色小粒点。病斑环绕枝蔓1周时,其上部枝、叶由绿变黄,逐渐枯死。病斑发展后期,病皮呈丝状纵裂与木质部分离,如乱麻状。

4.叶片发病 首先从植株下部近地面的叶片开始,然后逐渐向植株上部蔓延。多在叶尖、叶缘或有损伤的部位形成淡褐色、水渍状、近圆形或不规则形的病斑,并略具同心轮纹,其上散生灰白色至灰黑色小粒点,且以叶脉两边居多。后期病斑干枯,易破裂。叶部症状多在植株生长后期出现。

防治方法

1.采后清园 生长季节要及时摘除病果、病叶,剪除病蔓。秋末埋土防寒前,要结合修剪,彻底剪除病穗、病蔓,扫净病果、病叶,摘净僵果,集中烧毁或运出园外深埋。发病前用地膜覆盖地面可防止病菌侵入果穗。

2.加强栽培管理 提高结果部位。由于病害初次侵染源主要来自土壤,因此要适当增加果穗与地面间的距离,以减少病菌侵染的机会。及时摘心、绑蔓、剪副梢,使枝叶间通风透光良好,不利病菌蔓延。同时增施有机菌肥,增强树体的免疫能力,搞好果园排水工作,降低田间湿度。

3.药剂防治

(1)喷药保护:应掌握在花期前后始发期开始喷第1次药,以后每隔 10～15 天喷 1 次。喷药时如逢雨季,可在配制好的药液中加入助杀等展着剂,以提高药液黏着性。常用药剂有:40%氟硅唑或 40%腈菌唑 8 000 倍液、25%苯醚甲环唑 6 000 倍液、80%代森锌可湿性粉剂 800～1 000 倍液、50%福美双或福美锌可湿性粉剂 600～800 倍液、70%甲基硫菌灵可湿性粉 800 倍液、50%多菌灵可湿性粉剂 800 倍液、75%百菌清可湿性粉剂 500～800 倍液等。

(2)地面撒药:在重病园,可于病害始发期前,于地面撒药灭菌。常用药剂为福美双 1 份、硫黄粉 1 份与碳酸钙 2 份,三者混合均匀后,撒施在葡萄园地面上,每 667 平方米撒 1～2 千克,或用灭菌丹喷雾进行地面消毒。

三、葡萄黑痘病

葡萄黑痘病又名疮痂病、鸟眼病,是葡萄重要病害之一。黑龙江、吉林、辽宁、河北、河南、山东、山西、陕西、四川、云南、广西、广东、湖北、江西、安徽、江苏、浙江、台湾等省区都有分布。在春、夏两季多雨潮湿的地区,发病甚重,常造成巨大损失。

为害诊断 主要为害葡萄的绿色幼嫩部位,如果粒、果梗、叶片、叶脉、叶柄、枝蔓、新梢和卷须等,其中以果粒、叶片、新梢为主,果穗受害损失最大。

1.叶片、叶脉受害 一开始出现针头大小红褐色至黑褐色斑点,周围有黄色晕圈。后期病斑扩大呈圆形或不规则形,中央灰白色,稍凹陷,边缘暗褐色或紫色,直径为 1～4 毫米,干燥时病斑自中央破裂穿孔,但病斑周缘仍保持紫褐色的晕圈。叶脉上病斑呈梭形,凹陷,灰色或灰褐色,边缘暗褐色。叶脉被害后,由于组织干枯,常使叶片扭曲、皱缩。

2.幼嫩新梢、穗轴感病 穗轴发病使全穗或部分小穗发育不良甚至枯死。果梗患病可使果实干枯脱落或僵化。

3.绿果受害 初为圆形深褐色小斑点,后扩大,直径可达 5～8 毫米,中央凹陷,灰白色,外部仍为深褐色,似"鸟眼"状。多个病斑可连接成大斑,后期病斑硬化或龟裂。病果小而酸,失去食用价值;染病较晚的果实仍能长大,病斑凹陷不明显,但果味较酸。病斑限于果皮,不深入果肉。空气潮湿时,病斑上出现乳白色的黏质物,此为病菌的分生孢子团。

防治方法

1.选育抗病品种 品种间抗病性存在明显差异,欧亚种感病,欧美杂交种和美洲种抗病。早玫瑰香、龙眼、无核白、保尔加尔、伊丽沙、大粒白、葡萄园皇后、羊奶、早红、乍娜等品种感病严重;玫瑰香、小红玫瑰、新玫瑰、佳里酿等品种中度感病;莎巴珍珠、上等珍珠香、黑格蓝和巴米特等品种轻微感病;巨峰、红富士、先锋、巴柯、黑虎香、黑奥林、贵人香、水晶、金后、龙宝等品种抗病。当年大量栽植的红地球葡萄,高度感染黑痘病。

2.冬季清园 秋季,葡萄落叶后清扫果园,将地面落叶、病穗扫净烧毁。冬季修剪时,仔细剪除病梢,摘除僵果,刮除主蔓上的枯皮,并收集烧毁。然后在植株上全面喷施一次铲除剂,以杀死枝蔓上的越冬病菌。葡萄发芽前喷施的铲除剂,可选用 3 波美度石硫合剂,或 10%硫酸亚铁加 1%粗硫酸混合液。这是预防黑痘病发生的重要环节,如做得彻底,就能大大减少越冬病原,提高翌年喷药保护的效果。

3.加强栽培管理 合理施肥,增施磷钾肥,不偏施氮肥,增强树势。加强枝梢管理,及时绑蔓,去除副梢、卷须和过密的叶片,避免架面过于郁闭,改善通风透光条件。适当疏花疏果,控制果实负载量。

4.喷药保护 葡萄展叶后至果实着色前,每隔 10～15 天喷药 1 次。其中以开花前及落花 70%～80%时喷药最重要。因为这段时间果实易感病,发病率最高。药剂可用 1：0.7：(200～240)波尔多液、65%代森锌可湿性粉剂 500～600 倍液、50%多菌灵可湿性粉剂 1 000 倍液或 75%百菌清可湿性粉剂 600 倍液。代森锰锌 600 倍液、1.5%多抗霉素 800 倍液防治黑痘病效果很好。腈菌唑、苯醚甲环唑、氟硅唑、烯唑醇等三唑类杀菌剂,对黑痘病有特效。

四、葡萄炭疽病

葡萄炭疽病又称晚腐病、苦腐病,是葡萄近成熟期引起果实腐烂的重要病害之一。葡萄浆果受其为害后,不仅造成严重减产,而且严重影响了品质。除了为害葡萄外,病害还在苹果、梨等多种果树上发生。

为害诊断　主要为害着色或近成熟的果粒,造成果粒腐烂。也可为害幼果、穗轴、叶片、叶柄和卷须等,但大多为潜伏侵染,不表现明显的症状。

果实大多在着色后接近成熟时开始发病,果面上出现淡褐色至紫褐色、水浸状斑点,呈圆形或不规则形;病斑逐渐扩大,变为褐色至黑褐色,略凹陷,果肉腐烂;后长出同心轮纹排列的黑色小粒点,天气潮湿时,溢出粉红色黏质团。果粒变褐软腐,易脱落,病果酸而苦,或逐渐干缩成为僵果。

穗轴、叶柄、新梢受害,产生深褐色至黑褐色病斑,椭圆至不规则短条状,凹陷;潮湿时也出现粉红色黏稠状物。叶片受害多在叶缘产生近圆形病斑,形成盘状无性繁殖结构。

防治方法

1.清除越冬菌源　结合修剪清除病枝梢、病穗梗、僵果、卷须;扫尽落地的病残体及落叶,集中烧毁。春季葡萄发芽前喷 1 次45％代森铵 200～300 倍液或 3～5 波美度石硫合剂,以铲除枝蔓上潜伏的病菌,清除初侵染源。

2.栽培防病　生长期内要及时摘心,合理夏剪,适度负载,及时清除剪下的嫩梢和卷须,提高果园的通风透光性,注意中耕排水,尽可能降低园中湿度。科学合理施肥,增施有机肥、钾肥,注意氮、磷、钾的配比,切忌氮肥过多,还要及时补充微量元素,以增强树势提高抵抗能力。收获后,要及时清除损伤的嫩枝及损伤严重的老蔓,增强园内的通透性。

3.喷药保护　坚持"及早预防,突出重点"的原则。以病菌孢子最早出现的日期,作为首次喷药的依据。于晚秋从重病果园中采集无病状的叶片数百个,风干后留下叶柄,翌年春季,将叶柄绑缚成束,悬挂于果园较远的空旷地,其下连接漏斗和玻璃瓶,每逢雨后,收集瓶内雨水,在显微镜下检查有无病菌孢子,一旦发现病菌孢子,应立即预报喷药。从园内发现病菌分生孢子开始,到采收前半个月,每隔 15 天喷药 1 次,连喷 3～5 次。一般于开花前后结合白腐病的防治,各喷 1 次 1∶0.5∶200 波尔多液,重点保护果实。可选用的其他药剂有:25％苯醚甲环唑 6 000 倍液、1.5％噻霉酮 600 倍液、77％的氢氧化铜 800 倍液或 25％溴菌腈 800～1 000 倍液。使用 50％福美甲胂可湿性粉剂 500～800 倍液效果也较好。也可用 70％代森锰锌,或 75％百菌清可湿性粉剂 500～800 倍液,或 65％代森锌可湿性粉剂 500～600 倍液,进行喷施治疗。

在药剂防治过程中,要注意以下几点:雨后要补喷药液,并喷强力杀菌剂,以杀死将要萌发侵入的孢子;果实采收前可喷保护性杀菌剂,以减少果实中的农药残毒。为了提高药效和增加黏着性,减少雨水冲刷,可在药液中加入皮胶 3 000 倍液或其他黏着剂。

五、葡萄穗轴褐枯病

葡萄穗轴褐枯病又称穗烂病、轴枯病,是近年来葡萄生产中的重要病害之一。在我国华北、华中、东北及西北葡萄产区均有分布。此病主要为害幼嫩的穗轴,使穗轴变褐枯死,最后导致果粒萎缩脱落。病害流行年份病穗率可达 50％以上,减产 20％～30％。

为害诊断　主要为害葡萄穗轴。发病初期,先在幼穗的分枝穗轴上产生褐色水浸状斑点,迅速扩展后穗轴变褐坏死,果粒失水萎蔫或脱落,有时病部表面产生黑色霉状物,即病菌分生孢子梗和分生孢子。该病一般很少向主穗轴扩展,发病后期干枯的小穗轴易在分枝处被风折断脱落。幼小果粒染病仅在表皮上产生直径 2毫米圆形深褐色小斑,随果粒不断膨大,病斑表面呈疮痂状。果粒长到中等大小时,病痂脱落,果穗也萎缩干枯。

防治方法

1. 加强园间管理　彻底清理果园,改善果园通风透光条件,降低园内湿度,改换种植抗病品种。

2. 铲除越冬病源　在葡萄萌芽前,重点对结果母枝喷铲除剂3～5波美度石硫合剂,消灭越冬菌源。也可喷用45%代森铵200～300倍液。

3. 加强栽培管理　控制氮肥用量,增施磷肥、钾肥。同时,搞好果园通风透光和排涝降湿,也有降低发病的作用。

4. 药剂防治　葡萄开花前后喷1.5%多抗霉素400倍液,或75%百菌清可湿性粉剂600～800倍液,或70%代森锰锌可湿性粉剂400～600倍液,或50%异菌脲可湿性粉剂1 500倍液。

六、葡萄褐斑病

葡萄褐斑病又称斑点病、褐点病、叶斑病及角斑病,在我国各葡萄产地多有发生,以多雨潮湿的沿海和江南各省发病较多,一般干旱地区或少雨年份发病较轻,管理不好的果园多雨年份后期可大量发病,引起早期落叶,影响树势造成减产。根据病斑的大小和病原菌的不同,褐斑病分为大褐斑病和小褐斑病两种。

为害诊断　葡萄褐斑病仅为害叶片。病斑定型后,直径为3～10毫米的称大褐斑病,直径为2～3毫米的称为小褐斑病。

大褐斑病发病初期在叶片表面产生许多近圆形、多角形或不规则的褐色小斑点,以后病斑逐渐扩大。病斑中部呈黑褐色,边缘褐色,病、健交界明显。叶片背面病斑周缘模糊,淡褐色,后期产生灰色或深褐色的霉状物。病害发展到一定程度时,病叶干枯破裂,早期脱落,严重影响树势和翌年的产量。

大褐斑病的症状特点常因葡萄的品种不同而不同。大褐斑病发生在美洲系统葡萄上,病斑为不规则形或近圆形,直径为5～9毫米,边缘红褐色,外围黄绿色,背面暗褐色,并生有黑褐色霉层(病菌的孢梗束及分生孢子)。在龙眼、甲州、巨峰等品种上,病斑近圆形或多角形,直径为3～7毫米,边缘褐色,中部有黑色圆形环纹,边缘黑色湿润状。

小褐斑病发生后,在叶片上产生深褐色小斑,大小一致,边缘深褐色,中部颜色稍浅,后期病斑背面长出一层较明显的黑色霉状物,严重时小病斑相互融合成不规则的大斑。

防治方法

1.消灭越冬病源　秋后要及时清扫落叶烧毁。冬剪时,也应将病叶彻底清除,集中烧毁或深埋。

2.加强栽培管理　要及时绑蔓、摘心、除副梢和老叶,创造通风透光条件,减少病害发生。增施多元复合肥,增强树势,提高树体抗病力。

3.药剂防治　发病初期结合防治黑痘病、白腐病、炭疽病,喷洒200倍石灰半量式波尔多液,或60%代森锌500～600倍液,或77%氢氧化铜等药液,每隔10～15天喷1次,连续喷2～3次。当发现有褐斑病发生时,可喷布烯唑醇、多菌灵或甲基硫菌灵等药剂及时进行治疗。喷药时应注意喷中、下部叶片,并且要喷布均匀。25%苯醚甲环唑6 000倍液防治该病有优异效果。

七、葡萄灰霉病

葡萄灰霉病是一种严重影响葡萄生长和储藏的重要病害。过去此病虽然广泛存在于各葡萄产区,但由于为害较轻,因而是一种次要病害。随着保护地葡萄生产的发展,灰霉病呈逐年加重的趋势,已成为保护地葡萄生产的一种重要病害。同时,用染病的果粒酿酒,还会影响酒的颜色和质量。在国外,用这种葡萄酿酒时,由于病菌的作用,会产生一种特殊的香味,可提高葡萄酒的质量,成为一种名牌酒,人们称之为"贵腐酒",称葡萄灰霉病为"贵腐病"。该病可在开花前后以及成熟后期和贮存期严重发生,常使果实大量腐烂,对葡萄生产和贮运威胁极大。

为害诊断　主要为害花序、幼果和将要成熟的果实,也可侵染果梗、新梢与幼嫩叶片。花序、幼果感病,先在花梗和小果梗或穗轴上产生淡褐色、水浸状病斑,后病斑变为褐色并软腐,空气潮湿时,病斑上可产生鼠灰色霉状物(即病原菌的分生孢子梗与分生孢子)。受到震动时,霉层飞散,呈灰色烟雾状,俗称"冒灰烟"。空气干燥时,感病的花序、幼果逐渐失水萎缩,后干枯脱落,造成大量的落花落果,严重时整穗落光。

新梢及幼叶感病,产生淡褐色或红褐色、不规则的病斑,病斑多在靠近叶脉处发生,叶片上有时出现不太明显的轮纹,后期空气潮湿时病斑上也可出现灰色霉层。不充实的新梢在生长季节后期发病,皮部呈漂白色,有黑色菌核或形成孢子的灰色菌丝块。果实着色和成熟后感病,果面上出现褐色凹陷病斑,扩展后整个果实腐烂,并先在果皮裂缝处产生灰色孢子堆,后蔓延到整个果实,最后长出灰色霉层。贮藏的鲜食葡萄受害后,常出现穗轴湿腐,表面布满霉层。一些病部有时还产生黑色块状菌核或灰色的菌丝块。

防治方法

1.消灭初侵染源　病残体上越冬的菌核是主要的初侵染源,因此应结合其他病害的防治,彻底清园和搞好越冬休眠期的防治。结合修剪,剪除病枝蔓、病果穗及病卷须、彻底清除并烧毁或深埋。清扫落叶,并结合施肥,把落叶和表层土壤与肥料掺混深埋于施肥沟内。

2.加强栽培管理　搞好果园排水及摘心绑蔓等工作,以降低果园湿度,减轻发病。发病重的果园要避免偏施氮肥,适当增加钾肥。要栽植玫瑰香、黑汉等抗病品种。

设施栽培条件下,可选用无滴消雾膜做设施的外覆盖材料,设施内地面全面积地膜覆盖,降低室(棚)内湿度,抑制病菌孢子萌发,减少侵染;提高地温,促进根系发育,增强树势,提高抗性;阻挡土壤中的残留病菌向空气中散发,降低发病率。

注意调节室(棚)内温、湿度,白天使室内温度维持在 $32\sim35℃$,

空气相对湿度控制在75%左右;夜间室(棚)内温度维持在10~15℃,空气相对湿度控制在85%以下。从而抑制病菌孢子萌发,减缓病菌生长,控制病害的发生与扩散。

3.药剂防治　葡萄落花前后及时喷药保护,以防幼果发病。葡萄成熟期如果发病,要及时剪除病果、病穗,然后喷药防治。常用药剂有:40%嘧霉胺800倍液,50%腐霉利可湿性粉剂2 000~2 500倍液,50%异菌脲可湿性粉剂1 500倍液,50%乙烯菌核利可湿性粉剂1 500倍液,45%噻菌灵悬浮剂4 000~4 500倍液,70%甲基硫菌灵可湿性粉剂800~1 000倍液,36%甲基硫菌灵悬浮剂600~800倍液,50%苯菌灵可湿性粉剂1 500倍液,50%多霉灵可湿性粉剂1 500~2 000倍液,隔10~15天施用1次,连续防治2~3次即可。

八、葡萄瘿螨

葡萄瘿螨属真螨目瘿螨科,又名葡萄缺节瘿螨、葡萄锈壁虱、毛毡病、葡萄叶疹病、毛瘿螨、芽螨、卷叶螨等。

葡萄瘿螨几乎在所有欧洲葡萄产区均有分布,葡萄瘿螨在我国分布较广,主要在辽宁、河北、山东、山西、陕西、新疆等地为害严重,对葡萄的产量和品质影响很大。目前,仅在葡萄上发现,属专性寄生。

为害诊断　叶片受害后干枯,阻碍光合作用的进程,严重影响葡萄的营养积累,使树体衰弱,葡萄含糖量降低,对产品等级影响很大。

葡萄瘿螨有趋嫩性,主要刺吸嫩叶,叶片老化后转移到临近嫩叶上,继续取食为害。葡萄瘿螨唾液中可能含有某些生长调节剂,当刺吸叶片时,其唾液中的激素类物质便进入叶肉组织,促使受害组织周围细胞增生或抑制受害组织生长发育,形成毛毡或丛枝。

受害叶片初期,在叶背产生苍白色病斑,大小不等,后表面逐渐隆起、叶背凹陷并出现白色茸毛,似毛毡,故称毛毡病。茸毛逐渐变为黄褐色至茶褐色,最后呈黑褐色。受害严重时,病叶皱缩、变硬,凹凸不平。也可为害嫩梢、幼果、卷须和花梗,受害部位产生茸毛。

防治方法

1. 清除病叶　收集被害叶片烧毁或深埋。在葡萄生长初期,发现有被害叶时,也应立即摘掉烧毁,以免扩散蔓延。

2. 早春防治　葡萄叶膨大吐绒时,喷 3～5 波美度石硫合剂加 0.3% 洗衣粉,防治效果很好,这是防治关键期,喷药一定要细致均匀。若历年发生严重,发芽后可喷布 0.3～0.5 波美度石硫合剂防治效果均很明显。

3. 苗木处理　插条能传播瘿螨,因此引入的苗木在定植前,最好进行温汤消毒,即把插条或苗木先放入 30℃ 热水中浸 5～8 分钟,再移入 45℃ 热水中浸 5～8 分钟,可杀死潜伏的瘿螨。

九、葡萄二星叶蝉

葡萄二星叶蝉属同翅目叶蝉科,又名葡萄斑叶蝉、葡萄二点叶蝉、葡萄二点浮尘子。在山东、河北、河南、江苏、陕西、辽宁、浙江等省各葡萄产区普遍发生,尤其是管理较差的果园。除为害葡萄外,还可为害梨、桃、樱桃、山楂、桑树、槭树及菊花、大丽花和一串红等。葡萄被害后,造成减产,成熟期推迟。

为害诊断　该虫以成虫、若虫群聚在葡萄叶片背面吸食汁液,受害处呈现白色失绿斑点,严重时叶片苍白、枯焦,影响枝条的生长和花芽分化。所排出的虫粪污染叶片和果实,形成黑褐色粪斑,影响果实品质。

防治方法

1. 农业防治

(1)加强肥水管理:增施有机肥,控制氮肥用量,合理灌水,提高葡萄自身抗性。

(2)避免果园郁闭:在葡萄生长期,及时摘心绑蔓,使葡萄枝叶分布均匀,通风透光良好,可减少葡萄斑叶蝉发生为害。

(3)合理套种、轮作:果园内部和周围不种玉米、蔬菜以及匍匐类等作物,以减少生长季节的中间寄主。

(4)清洁田园:秋后彻底清除田间地头落叶和杂草,集中烧毁或深埋,消灭其越冬场所,能显著减少害虫基数。

2.物理防治 该虫对黄色有趋性,可设置黄板诱杀。方法是将20～24厘米的黄板,用专用胶水涂均匀,按每667平方米20～30块的用量,置于葡萄架上。当葡萄斑叶蝉粘满板面时,需要及时重涂胶水。目前有两种粘虫胶,一种10天左右需要重涂1次;另一种为30天左右需重涂1次。此法适合刮风较少的地方和温室等地使用。

3.化学防治

(1)防治时期:防治葡萄斑叶蝉全年要抓住3个关键时期,即:4月下旬至5月上旬的越冬代成虫防治关键期;5月下旬至6月上旬的第一代若虫防治关键期;9月中下旬的降低越冬代数量关键期。

(2)防治用药:可选用阿维菌素、甲氰菊酯等药剂喷雾。喷雾要注意均匀、周到、全面;同时注意对农家庭院及葡萄园周围的林带、杂草喷药防治该虫。

十、斑衣蜡蝉

斑衣蜡蝉属同翅目蜡蝉科,又名椿皮蜡蝉,斑蜡蝉。主要分布在华北、华东、西北、西南、华南以及台湾等地区。在北方葡萄产区多有发生,零星为害。在黄河故道地区为害较重。除为害葡萄外,还可为害梨、桃、李、樱、梅、珍珠梅、海棠、石榴、臭椿、香椿、千头椿、合欢、刺槐、榆、杨等果树与林木。

为害诊断 以成虫、若虫群集在叶背、嫩梢上刺吸为害。栖息时头翘起,有时可见数十头群集在新梢上,排列成一条直线;引起受害植株发生煤污病或嫩梢萎缩、畸形等,其排泄物可造成果面污染,嫩叶受害常造成穿孔或叶片破裂,严重影响植株的生长和发育。

防治方法

1.农业防治　葡萄园周围最好不要种植臭椿、苦楝等斑衣蜡蝉喜食的寄主,以减少虫源。结合冬季修剪和果园管理,人工压碎水泥柱上的越冬卵块,彻底消灭越冬卵。

2.物理防治　产卵期由于成虫行动迟缓,极易捕捉。人工捕捉成虫可有效地降低越冬卵基数。

3.生物防治　利用天敌螯蜂捕食斑衣蜡蝉1、2龄若虫,效果显著。此外,平腹小蜂可以寄生斑衣蜡蝉的卵,也能起到一定的抑制作用。

4.化学防治　5月若虫刚孵化后,大部分若虫喜欢聚集在嫩梢上为害取食。且此时龄期小,抗药性不强,是防治的最佳时期。结合防治绿盲蝽、红蜘蛛等害虫,选择具有内吸性兼触杀性农药,如喷施溴氰菊酯、三氟氯氰菊酯、联苯菊酯、辛硫磷等药液防治。用药浓度参阅产品使用说明。

十一、葡萄透翅蛾

葡萄透翅蛾,属鳞翅目透翅蛾科,又名葡萄透羽蛾。葡萄透翅蛾分布较广,国内广泛分布于辽宁、河北、河南、山东、山西、江苏、浙江、陕西、内蒙古、吉林和安徽等省区,以及北京、天津两市;国外分布于日本、朝鲜。葡萄透翅蛾是葡萄生产上的主要害虫之一,主要为害葡萄,还可为害苹果、梨、桃、杏、樱桃等。以幼虫蛀食1～2年生枝蔓髓部及木质部,轻者造成嫩梢、果穗枯萎,产量和品质下降,树势衰弱;重者致使大部枝蔓干枯,甚至全株死亡。

为害诊断　幼虫为害葡萄嫩枝及1～2年生枝蔓,初龄幼虫蛀入嫩梢,蛀食髓部,使嫩梢枯死。幼虫长大后,转到较为粗大的枝蔓中为害,使被害部肿大成瘤状,蛀孔外有褐色粒状虫粪,其上部叶变黄枯萎,果实脱落,枝蔓易折断。

防治方法

1.农业防治 检查种苗、接穗等繁殖材料,查到有幼虫株集中销毁。结合修剪,剪除有肿瘤枝蔓和有虫粪枝条,不宜剪除的枝条,可用铁丝从蛀孔刺死幼虫。

2.药剂防治 成虫羽化期喷洒杀螟松,或倍硫磷,或亚胺硫磷等药剂。卵孵化高峰喷施三唑磷乳油液,1年只需施药1次就能消除葡萄透翅蛾的为害。其他可选用的药剂还有辛硫磷、杀螟松等。

十二、葡萄虎天牛

葡萄虎天牛,属鞘翅目天牛科,又名葡萄脊虎天牛。此虫在华北、华中、东北均有发生,是葡萄主要害虫之一。葡萄被害枝不开花,遇风容易折断,严重时引起大量枝条枯死,造成一定的经济损失。

为害诊断 主要以幼虫为害枝蔓,受害表皮稍隆起变黑,虫粪排于隧道内,表皮外无虫粪,所以不易被发现。幼虫蛀入木质部后,被害处易风折,成虫亦能咬食葡萄细枝蔓、幼芽及叶片。

防治方法

1.人工防治 结合冬季修剪,认真清除虫枝,集中烧毁。春季萌芽期检查,凡结果枝萌芽后萎缩的,多为虫枝,应及时剪除。利用成虫迁飞能力弱的特点,人工捕捉成虫。一般在8～9月早晨露水未干前进行捕捉,效果很好。

2.药剂防治 在8月成虫羽化期,利用其补充营养习性,喷杀螟松,或倍硫磷,或亚胺硫磷等药剂,每隔7～10天喷1次。并严密封堵,将其毒杀。

第八章　草莓病虫害及其防治

一、草莓灰霉病

草莓灰霉病为草莓主要病害,分布广泛,发生普遍。北方主要在保护地内发生,南方露地亦发病严重,特别是花器和果实一旦染病,很快发生腐烂,并迅速传播,对产量影响很大。以冬、春两季发生最普遍。一般发病率 20%~40%,产量损失 8%~20%,严重时病株率达 80%以上,产量损失达 50%以上,最重可达 100%。

为害诊断　灰霉病主要为害花器和果实。花器染病时,花萼上初呈水渍状针眼大的小斑点,后扩展成近圆形或不规则形较大病斑,导致幼果湿软腐烂,湿度大时,病部产生灰褐色霉状物。果实顶柱头呈水渍状病斑,继而演变成灰褐色斑,空气潮湿时病果湿软腐化,病部生灰色霉状物,天气干燥时病果呈干腐状,最终造成果实坠落。

防治方法　经常剔除烂果、病残老叶,并将其深埋或烧毁,减少病原菌的再侵染。苗期、果实膨大前 1 周及时摘除病叶、病花、病果及黄叶,保持棚室干净,通风透光,适当降低密度,选择透气、排灌方便的沙壤土,避免施用氮肥过多。地膜覆盖,防止果实与土壤接触,避免感染病害;提高地温,减少土壤水分的蒸发,降低果实周围的空气湿度,促使果实正常生长。

定植前撒施 20%地菌灵(乙酸铜)可湿性粉剂 2~3 千克/667平方米,而后耙入土中。

移栽或育苗整地前用 65%,甲霉灵(甲基硫菌灵＋乙霉威)可湿性粉剂 400 倍液,或 50%多霉灵(多菌灵＋乙霉威)可湿性粉剂

600 倍液、50％敌菌灵可湿性粉剂 400 倍液或 40％嘧霉胺悬浮剂 600 倍液,对棚膜、土壤及墙壁等表面喷雾,进行消毒灭菌。

草莓进入开花期后开始喷药防治,选用 80％施普乐(代森锌)可湿性粉剂 700～800 倍液,或 75％百菌清可湿性粉剂 600～800 倍液,或 50％腐霉利可湿性粉剂 800～1 000 倍液,或 70％甲基硫菌灵可湿性粉剂 800～1 000 倍液,或 10％多氧霉素可湿性粉剂 500～750 倍液,或 50％异菌脲可湿性粉剂 800～1 000 倍液,或 50％美消(甲基硫菌灵＋乙霉威)可湿性粉剂 800～1 000 倍液,或 50％万霉敌(多菌灵＋乙霉威)可湿性粉剂 800～1 000 倍液,或 50％异菌脲可湿性粉剂 1 500 倍液,或 10％嘧霉胺可湿性粉剂 600 倍液,每隔 7～10 天喷 1 次,共喷 3～4 次,重点喷花果。

防治大棚或温室草莓灰霉病,可采用熏蒸方法,用 50％多霉清 800 倍液,或 50％多菌灵 600 倍液,或 20％嘧霉胺烟剂 0.3～0.5 千克/667 平方米,或 10％腐霉利烟剂 200～250 克,或 45％百菌清粉尘剂或 10％杀霉灵粉尘剂 1 千克/667 平方米熏烟,间隔 9～11 天用药 1 次,连续或与其他防治方法交替使用 2～3 次,防治效果更理想。

二、草莓蛇眼病

草莓蛇眼病分布较广,常与叶部病害混合发生,保护地和露地均可发生。严重时发病率可达 40％～60％。

为害诊断　蛇眼病主要为害叶片、果柄、花萼,匍匐茎有时也受害。叶片染病后,初形成小而不规则的红色至紫红色病斑,病斑扩大后,中心变成灰白色圆斑,边缘紫红色,似蛇眼状,后期病斑上产生许多小黑点。果柄、花萼、匍匐茎染病后,形成边缘颜色较深的不规则形黄褐至黑褐色病斑,干燥时易从病部断开。

防治方法　控制施用氮肥,以防徒长,适当稀植,发病期注意多放风,应避免浇水过量。收获后及时清理田园,被害叶集中烧毁。开花结果多为此病的初发期,少量病叶应及时摘除。发病严重时,采收后全部割叶,随后加强中耕、施肥、浇水,促使及早长出新叶。

发病初期喷淋 33.5% 必绿二号（八羟基喹啉铜）悬浮剂 1 500～2 000 倍液，或 50% 金乙生（乙膦铝＋大生）可湿性粉剂 800～1 000 倍液，或 50% 琥胶肥酸铜可湿性粉剂 500 倍液，或 14% 络氨铜水剂 300 倍液，或 77% 氢氧化铜可湿性微粒粉剂 500 倍液，或 80% 施普乐（代森锌）可湿性粉剂 800～1 000 倍液，或 75% 圣克（百菌清）可湿性粉剂 800～1 000 倍液，或 50% 敌菌灵可湿性粉剂 500 倍液，或 80% 好意（代森锰锌）可湿性粉剂 800～1 000 倍液，或 40% 氟硅唑乳油 5 000 倍液，或 70% 甲基硫菌灵可湿性粉剂 800～1 000 倍液，间隔 10 天喷 1 次，共喷 2～3 次，采收前 3 天停止用药。保护地可选用 5% 百菌清粉尘剂，或 5% 加瑞农粉尘剂 1 千克/亩，喷粉。

三、草莓白粉病

草莓白粉病是草莓的重要病害，尤其是大棚草莓受害严重。

为害诊断　草莓白粉病发生严重时，病叶率达 45%，初呈星状小粉斑，后向四周扩展成边缘不明显的连片白粉，严重时整叶布满白粉，叶缘也向上卷曲变形，叶质变脆，最后病叶逐渐枯黄。花蕾受害不能开放或开花不正常。果实早期受害，幼果停止发育，其表面明显覆盖白粉，严重影响浆果质量。

防治方法　发病初期喷洒 25% 粉锈通（三唑酮）可湿性粉剂 1 500～2 000 倍液，或 15% 三唑酮可湿性粉剂 1 000～1 500 倍液，或 30% 氟菌唑可湿性粉剂 1 500～2 000 倍液，或 25% 醚菌酯悬浮液 1 500～2 000 倍液，或 40% 多菌灵悬浮剂 500～600 倍液，或 10% 苯醚甲环唑水分散粒剂 1 500～2 000 倍液，或 80% 施普乐（代森锰锌）可湿性粉剂 800～1 000 倍液，或 75% 圣克（百菌清）可湿性粉剂 800～1 000 倍液，或 70% 代森锰锌可湿性粉剂 600 倍液，或 40% 氟硅唑乳油 4 000 倍液，或 12.5% 仙星可湿性粉剂 800～1 000 倍液等，每周喷雾 1 次，连喷 3 次即可。注意几种药剂最好交替使用,以减少病菌抗药性。

棚室栽培草莓可采用烟雾法,即用硫黄熏烟消毒。定植前几天,将草莓棚密闭,每 100 平方米,用硫黄粉 250 克、锯末 500 克拌匀后,分别装入小塑料袋分放在室内,于晚上点燃熏一夜。此外,也可用 45%百菌清烟剂 200～250 克/亩,分放在棚内 4～5 处,点燃发烟时闭棚,熏一夜,次晨通风。

四、草莓轮斑病

草莓轮斑病是草莓主要病害,分布广泛,发生普遍,保护地、露地种植时都发生,以春、秋季发病较重。通常发病率 10%～30%,对产量无明显影响。严重地块或棚室,病株率可达 80%以上,显著影响产量。

为害诊断　主要为害叶片,发病初期在叶片上产生红褐色的小斑点,逐渐扩大后病斑中间呈灰褐色或灰白色,边缘褐色,外围呈紫黑色,病、健分界处明显。在叶尖部分的病斑常呈“V”字形扩展,造成叶片组织枯死,发病严重时,病斑常常相互联合,致使全叶片变褐枯死。后期在病斑上长有不规则轮状排列的褐色或黑褐色小粒点。

防治方法　新叶时期使用适量的杀菌剂预防。常用药剂有33.5%必绿二号(八羟基喹啉铜)悬浮剂 1 500～2 000 倍液,或50%金乙生(乙膦铝＋大生)可湿性粉剂 800～1 000 倍液,或 50%多菌灵可湿性粉剂 500 倍液,或 70%甲基硫菌灵可湿性粉剂800～1 000倍液,在移栽前浸苗 10～20 分钟,晒干后移植。

发病初期可喷施 33.5%必绿二号(八羟基喹啉铜)悬浮剂1 500～2 000 倍液,或 50%金乙生(乙膦铝＋大生)可湿性粉剂800～1 000 倍液,或 80%好意(代森锰锌)可湿性粉剂 800 倍液,或50%异菌脲可湿性粉剂 600～800 倍液,或 50%多菌灵可湿性粉剂600 倍液,或 50%敌菌灵可湿性粉剂 400 倍液,或 70%甲基硫菌灵可湿性粉剂 500 倍液。温室可用 5%百菌清粉尘剂 1 千克/亩喷粉防治;或喷施 33.5%必绿二号悬浮剂 1 500～2 000 倍液,或 70%甲基硫菌灵超微可湿性粉剂 1 000 倍液,或 50%多菌灵可湿性粉剂 600 倍液,或 80%代森锌可湿性粉剂 500～600 倍液,或 40%多菌灵悬浮剂 500 倍液,间隔 10 天左右 1 次,连续防治 2～3 次为宜。

五、斜纹夜蛾

斜纹夜蛾属鳞翅目夜蛾科。分布遍及全国各地,尤以江西、湖北、浙江、湖南、江苏、安徽、河南、河北、山东等地发生较重。

为害诊断 幼虫食叶、花蕾、花及果实,初食叶肉残留上表皮和叶脉,严重时可将叶吃光。并排泄粪便,造成污染和腐烂,使之失去商品价值。

成虫体褐色,前翅灰褐色,斑纹复杂,内横线及外横线灰白色,波浪形,中间有白色条纹,在环状纹与肾状纹间,自前缘向后缘外方有 3 条白色斜线。后翅白色,无斑纹。前后翅常有水红色至紫红色闪光。卵扁半球形,初产黄白色,后转淡绿,孵化前紫黑色。老熟幼虫土黄色、青黄色、灰褐色或暗绿色,背线、亚背线及气门下线均为灰黄色及橙黄色。蛹棕红色,纺锤形。

防治方法 在卵孵化盛期,最好掌握在 2 龄幼虫始盛期施药,可喷施 40%毒丝本乳油 1 000～1 500 倍液,或 50%辛硫磷乳油 1 000 倍液,或 50%马拉硫磷 500～800 倍液,或 90%快灵(灭多威)可溶性粉剂 3 000 倍液,或 25%甲萘威乳油 200～500 倍液,或 2.5%氟氯氰菊酯乳油 1 000～2 000 倍液,或 2.5%溴氰菊酯乳油 1 000～2 500 倍液,或 5%氟虫脲乳油 2 000～2 500 倍液,或 25%喹硫磷乳剂 1 000 倍液等。

幼虫 4 龄后夜出活动,因此施药应在傍晚前后进行。药剂可选用 5%氟虫腈悬浮剂 1 500 倍液,或 20%甲氰菊酯乳油 1 000 倍液,或 20%虫酰肼胶悬剂 2 000 倍液,或 4.5%比杀力(高效氯氰菊酯)乳油 1 000～1 500 倍液等,每 10 天用药 1 次,连用 2～3 次。

六、白粉虱

白粉虱属同翅目粉虱科。几乎遍布全国,是保护地栽培的一种主要害虫。

为害诊断 成虫和若虫吸食植物汁液,被害叶片褪绿、变黄、萎蔫,甚至全株枯死;并分泌大量蜜液,严重污染叶片和果实,往往引起煤污病的大发生,还可传播病毒病。

成虫淡黄色,翅面覆盖白蜡粉,翅脉简单,沿翅外缘有一排小颗粒。卵侧面呈长椭圆形,基部有卵柄,插入植物组织中。初产淡绿,覆有蜡粉,后变褐,孵化前呈黑色。1龄若虫体长椭圆形,2～3龄淡绿色或黄绿色。蛹称伪蛹,椭圆形,初期体扁平,中央略高,黄褐色。

防治方法 大棚、温室熏蒸,用22%灭蚜灵烟雾剂,或用80%敌敌畏150克、水14千克、锯末40千克拌匀,均匀撒于植株行间,将大棚和温室密闭熏蒸。

由于粉虱世代重叠,在同一时间同一作物上存在各虫态,而当前药剂没有对所有虫态皆有效的种类,所以采用化学防治方法,必须连续几次采用不同药剂。可选用的药剂和浓度如下:70%必喜三号(吡虫啉)水分散粒剂10 000～15 000倍液,或10%噻嗪酮乳油1 000倍液,或25%灭螨猛乳油1 000倍液,或2.5%氟氯氰菊酯乳油2 000倍液,或20%甲氰菊酯乳油2 000倍液,或90%快灵(灭多威)可湿性粉剂1 500～2 000倍液,或25%扑虱灵可湿性粉剂1 000～1 500倍液,或10%联苯菊酯乳油1 000～2 000倍液,或1.8%虫螨杀星(阿维菌素)乳油2 000倍液,或10%吡虫啉可湿性粉剂1 500倍液,或50%马拉硫磷乳油1 000倍液,间隔5～7天用药1次,连喷～3次。

第九章　梨病虫害及其防治

我国梨树病害有近 90 种，其中发生较普遍、为害比较严重的有梨黑星病、梨锈病、梨黑斑病、梨树腐烂病、梨轮纹、梨褐腐病、梨白粉病及梨根部病害等。

一、梨黑星病

梨黑星病又称疮痂病、黑霉病，是梨树的一种重要病害，在鸭梨、白梨等感病品种上发生较重。病害流行年份，常导致早期大量落叶，果实严重发病，产量和品质损失巨大，严重削弱树势。

为害诊断　梨黑星病可侵染叶片、叶柄、芽、花序、果实及新梢等绿色幼嫩组织，以叶片和果实受害为主。该病从梨萌芽一直到落叶均可发生。病部初期变黄，继而枯死，受害部位产生墨绿色至黑色霉层为其特征。

1. 叶部症状　刚展开的幼叶最感病，展叶后 1 个月以上的老叶抗病性很强。叶片受害首先在叶片背面出现小的淡黄色斑，尤以沿叶脉处较多。2～3 天后，产生沿叶脉星芒放射状扩展的墨绿色至黑色霉层，叶片正面，难见异常表现，霉状物可扩展连片，与叶背黑霉对应的叶片正面开始出现不规则形黄斑，后病斑逐渐变褐枯死。发病严重时，病斑连片，整个叶背布满黑色霉层，叶片枯黄、脱落。叶柄、主脉受害，形成长条形或梭形稍凹陷病斑，表面产生霉层。叶柄和主脉受害是早期落叶的主要原因。

2. 果实症状　从刚落花的幼果至采收期甚至贮运期的成果均可发病，其中幼果和近成熟的果实最易感病。刚落花的梨果受害，多数在果柄或果面形成黑色或墨绿色近圆形霉斑，此类病果几乎全部早落。稍大梨幼果受害,果面产生淡黄色圆形或不规则形斑点,潮湿条件下病斑上产生黑霉层;干燥时不产生黑霉,呈绿色斑,俗称"青疔"。膨大前幼果受害,病部组织停止生长,造成果实畸形、开裂。膨大期果实受害,病斑凹陷,表面木栓化,开裂,呈荞麦皮状,此类病果不畸形。近成熟期果实受害,形成淡黄绿色病斑,稍凹陷,有时病斑上产生稀疏的霉层。

3.病芽及病梢症状　在一个枝条上,顶芽基本不受害,亚顶芽最易受害,亚顶芽往下3～4个芽也较易受害。病芽绝大部分是叶芽,花芽发病极为少见。梨芽染病后,鳞片变黑,产生黑色霉层,但当年不发病,翌年梨树萌芽时,病芽萌发形成病梢即病芽梢,俗称"乌码"。在河北省一般年份从4月下旬开始出现,病梢自基部开始向上产生一层浓密的墨绿色至黑色霉层。病梢叶片初变红,再变黄,最后干枯脱落。

防治方法　防治该病的基本策略:清除病菌,减少初侵染及再侵染的菌量;抓住关键时期,及时喷施有效药剂,防止病菌侵染和病害蔓延。

1.清除越冬病菌,减少初侵染源　在梨树落叶后至翌春发芽前,彻底清除枯叶和落叶,集中烧毁并深埋;对难以清扫的残余落叶,通过地面喷施硫酸铵和尿素10～20倍液,可铲除病菌;在芽萌动期喷洒1～2次内吸性杀菌剂,减少病梢的数量;自4月中下旬开始,及时发现并摘除病梢,降低果园菌量,减缓病害的流行。

2.生长期适时喷施化学药剂

(1)用药期及用药次数:不同梨区、不同年份的用药时期及次数不同。总体而言,药剂防治的关键时期有两个:一是落花后30～45天内的幼叶幼果期。山海关以内梨区在麦收前后,重点是麦收前;二是采收前30～45天内的成果期,多数地区是7月下旬至9月中旬。两个关键期各喷施药剂2～3次,具体喷药时间和次数应视降水的多少确定,降水多则用药多,反之则用药少。

(2)有效防治药剂:防治梨黑星病有效药剂种类很多,应根据发病情况、药剂性能、价格等因素合理选择，适当搭配，交替使用，避免或减缓抗药性产生。关键时期应当选用高效内吸性杀菌剂，如40％氟硅唑800～1 000倍液、10％苯醚甲环唑4 000～5 000倍液、12.5％特谱唑或12.5％腈菌唑2 000～3 000倍液等，其防病效果优良，并有一定的治疗作用；在发病前和在幼果期，可使用80％代森锰锌等保护性药剂。以上药剂在推荐浓度下几乎不产生药害，也不会损伤叶片及果面。需要指出的是，1∶（1～2）∶（200～240）波尔多液和其他铜制剂，对黑星病的防治效果比较好，但易产生药害，故不宜在幼果期施用，阴雨连绵的季节也应慎用。

3.套袋保护　果实套袋栽培技术，可有效降低黑星病菌侵染果实，一般年份可以不喷药。但是，在黑星病严重流行的年份，由于果园内菌量较大，套袋梨也会受到病菌侵染，也需要喷药。

二、梨锈病

梨锈病又称赤星病，在我国梨产区均有发生。一般不造成严重为害，仅在附近栽植有桧柏类树木（转主寄主）的梨园为害较重。在春季多雨的情况下，几乎所有叶片均可受害产生病斑，造成大量早期落叶和果实畸形，减产严重。除为害梨树外，还能为害山楂、棠梨和贴梗海棠等。

为害诊断　该病主要为害梨树的幼叶、叶柄、幼果及新梢等幼嫩绿色部分，在各部位的病害症状很相似，可以概括为："病部橙黄，肥厚肿胀，初生红点渐变黑，后长黄毛细又长"。

1.幼叶症状　受害初期，叶片正面产生橙黄色圆形小病斑，周围具有黄色晕圈。随着病斑的扩大，病斑中央产生蜜黄色微凸的小粒点（梨锈菌的性孢子器），潮湿条件下小粒点上溢出淡黄色黏液（性孢子），黏液干燥后黄色小粒点变为黑色。随着病情发展，病斑组织变肥厚，正面凹陷，背面隆起并长出几根至十几根灰白色或淡黄色毛刺状物（梨锈菌的锈孢子器，俗称"山羊胡子"）。内有大量褐色粉状物（锈孢子），成熟后从锈孢子器顶端开裂散出。严重发病时病叶干枯,早期脱落。

2.幼果症状　发病初期与叶片症状相似,后期病部长出毛刺状物(锈孢子器),病斑组织停止生长,并且坚硬,发病严重时果实畸形,并提早脱落。

3.叶柄和果柄症状　受害部位橙黄色,并膨大隆起呈纺锤形,病部也可长出性孢子器和锈孢子器。

梨锈病菌为转主寄生菌,转主寄主为松柏科的桧柏、龙柏、欧洲刺柏、高塔柏、圆柏、南欧柏和翠柏等。病菌转主侵染后,在针叶、叶腋或小枝上产生淡黄色斑点,病部于秋季黄化隆起,翌春形成球形或近球形瘤状菌瘿,菌瘿继续发育,破裂露出红褐色的冬孢子角。冬孢子角遇雨吸水膨大、胶化,成为橙黄色的胶体,呈圆锥形或楔形,短粗,末端钝圆,其中的冬孢子萌发形成担子,进而产生担孢子进行侵染。

防治方法　控制初侵染源,防止担孢子侵染梨树幼叶幼果,是防治该病的根本途径。

1.清除转主寄主　避免在桧柏、龙柏等柏科植物较多的风景绿化区建园,梨园与转主寄主间的距离不能小于 5 千米。如条件允许,要彻底砍除梨园周围 5 千米以内的转主寄主。

2.控制转主寄主上的病菌　如不能彻底砍除梨园周围的桧柏等转主寄主,则需在春雨前剪除转主寄主上的冬孢子角,也可以在梨树萌芽前对桧柏等转主寄主喷药 1～2 次,以抑制冬孢子萌发产生担孢子。较好的药剂有 0.5 波美度石硫合剂和 1:(1～2):(100～160)的波尔多液等。

3.药剂防治　一般在梨树展叶期喷第一次药,10～15 天再喷 1 次即可。常用药剂有:腈菌唑、戊唑醇、三唑酮、烯唑醇、氟硅唑和苯醚甲环唑等。为了防止病菌侵染桧柏等转主寄主,避免病菌越冬,在 6～7 月对转主寄主喷药 1～2 次,所喷药剂与梨树相同。

三、梨黑斑病

梨黑斑病是梨树上的重要病害之一,在我国主要梨区普遍发生。日本梨、西洋梨、酥梨、雪花梨易感病。该病发病严重时引起裂果和早期落果,直接影响梨果的产量和品质,还可以引起早期落叶和嫩梢枯死,严重削弱树势。在河北省该病主要为害雪花梨叶片,导致叶枯早落,果实很少受害。近几年在鸭梨叶片上也有零星发生。

为害诊断 该病主要为害梨树的叶片、果实和嫩梢。

1. 叶片症状 嫩叶最易发病,展叶 1 个月以上的老叶不易被侵染。叶片受害后,产生中央灰白色至灰褐色、外围有黄色晕圈的近圆形或不规则形病斑,有时病斑上有同心轮纹。天气潮湿时,病斑表面产生大量黑色霉层。发病严重时,多个病斑相连成不规则形大斑,导致叶片焦枯、畸形,甚至早落。

2. 果实症状 幼果发病产生近圆形、褐色至黑褐色、稍凹陷病斑,潮湿时表面产生黑色霉层。由于病组织停止发育,所以果实膨大时,病果果面产生龟裂,裂缝可深达果心,裂缝内也会产生黑霉,病果往往早落。近成熟的果实受害时,病斑黑褐色,后期果实软化,易腐败脱落。

3. 新梢及叶柄症状 初期可见椭圆形、黑色、稍凹陷病斑,后扩大为长椭圆形、淡褐色、明显凹陷的病斑。病、健交界处常产生裂缝,病部易折断或枯死。

防治方法 搞好果园卫生,控制越冬菌源,加强栽培管理,提高树体抗病能力,结合生长期及时喷药保护、防止病害蔓延是防治梨黑斑病的基本策略。

1. 搞好果园卫生,清除越冬菌源 在梨树落叶后至萌芽前,彻底清除果园内的落叶、落果,剪除病枝、病梢,并集中烧毁或深埋。

2. 加强栽培管理 在果园内间作绿肥和增施有机肥料,促使植株生长健壮,增强抗病能力,减轻发病程度。

3.药剂防治　在梨树发芽前,全园喷施1次3～5波美度石硫合剂,铲除树体上的越冬病菌。生长期喷药保护幼叶幼果,一般从5月上中旬开始第一次用药,而后视天气和病情,隔15～20天喷1次,共喷4～6次。常用药剂有多抗霉素、代森锰锌和异菌脲等。

四、中国梨木虱

梨木虱类属同翅目,木虱科。我国已知为害梨的木虱有19种,其中中国梨木虱为主要为害种,其食性单一,只为害梨树,是河北、山西、山东、河南、陕西和甘肃等梨区的主要害虫。

为害诊断　梨木虱以成虫、若虫刺吸梨芽、嫩梢、叶片及果实汁液为害,但以若虫为害为主。芽和新梢受害后发育不良,叶片受害后叶脉扭曲,叶面皱缩,产生枯斑,并逐渐变黑,提早脱落。若虫为害时还可分泌大量的黏液,常使叶片黏在一起或黏在果实上诱发煤污病,污染叶面和果面,使果实发育不良,果质和产量受损失。同时,霉菌也通过分泌霉素破坏表皮组织,使叶面、果实及枝条上形成病组织扩大,造成更严重的经济损失。

防治方法　防治梨木虱的重点应放在前期,抓住关键时期,并树立全年性综合防治的观念。采用农业、物理、生物和化学等防治措施相结合的办法进行有效的控制,使其为害程度降到最低水平。

1.农业防治　在早春和秋末清洁果园,刮树皮,结合施基肥,将落叶、杂草清理集中,同肥料一起深埋。秋末灌水,可有效地消灭越冬成虫。

2.保护和利用天敌　在6～7月,正常情况下可不施药剂,依靠麦田迁回来的龟纹瓢虫及花蝽等天敌,可控制梨木虱的种群数量。对第三代梨木虱的防治,即使施药,也要选择对天敌益虫无毒害作用的药物,以充分发挥天敌的作用。

3.化学防治　应掌握在各代若虫初孵化尚未大量产生黏液以前,及时用药进行防治。

(1)越冬成虫出蛰盛期用药:在3月中旬越冬成虫出蛰盛期,

喷洒菊酯类药剂,控制出蛰成虫基数。此时叶片尚未形成,成虫暴露在枝条上,及时准确用药,可达到彻底防治的目的。用药时应选择晴朗天气的上午,对树体地上部分的茎、干、枝、芽重喷不受温度影响的杀成虫药剂。对于上年梨木虱为害严重、基数大的梨树,可在 1 周后再喷 1 次。

(2)第一代若虫发生期用药:梨落花 95% 左右,即第一代若虫孵化盛期喷药,是一年中药剂防治的又一个关键期。第一代若虫出现期比较整齐一致,利于集中消灭。选用的药剂有阿维菌素、吡虫啉、印楝素或氯氰菊酯等。以上药剂的防治率均可达 90% 以上。

(3)黏液形成后的用药:进入 7 月,如果前期对梨木虱控制得好,这一年的梨木虱为害基本上就被控制住了,以后可不作为防治的重点,在防治梨小食心虫等害虫的同时可兼治。如果控制得不好,梨木虱的各种虫态并存,世代重叠,叶片上的黏液较多,给防治造成困难。此时可在用药前喷 5 000 倍液的碱性洗衣粉液,来冲洗和溶解叶片的黏液,经 3~4 小时之后再喷药;或是把中性洗衣粉或一些农药增效剂,直接加入药剂中一起喷施,效果也很显著。

(4)果实采收后用药:对于一些梨木虱发生严重的梨园,可在梨果采收后再施 1 次防治梨木虱成虫的药剂。由于这时天气转凉,越冬代成虫比较集中整齐,此时喷药,可有效消灭越冬代成虫,降低越冬虫口基数,对翌年梨木虱的防治有重要意义。

五、梨黄粉蚜

梨黄粉蚜属同翅目根瘤蚜科,俗称梨黄粉虫。此虫食性单一,目前所知只为害梨,尚未发现其他寄主植物。主要分布于辽宁、河北、河南、山东、安徽、江苏、陕西和四川等地,是梨树的主要害虫之一。

为害诊断 梨黄粉蚜以成蚜、若蚜刺吸为害,喜群集在果实萼洼处,受害果实表面常有黄粉堆积,黄粉下是成蚜、卵和若蚜。果面被害初期出现黄色稍凹陷的小斑,以后渐变为黑褐色,称"膏药顶"。黑斑向四周扩大,可形成具龟裂的大黑疤,受害严重的果实,果内组织逐渐腐烂,最终落果。

防治方法

1. 农业防治

(1)刮树皮:果树落叶后至发芽前,认真刮除老粗树皮和清除树体上的残留物,清洁树干裂缝,消灭越冬虫卵,同时还可减少生长季节初期黄粉蚜的栖息地点。

(2)清园:及时清除园内烂果及碎纸袋,集中烧毁或深埋,可减少黄粉蚜种群的数量。

(3)加强梨树修剪:修剪有利于园内通风透光,不利于黄粉蚜生存,减轻其为害。

2. 化学防治 梨树萌动前喷 5 波美度石硫合剂或 5% 矿物油乳剂,大量杀死黄粉蚜越冬卵。

(1)套袋前防治:5 月中旬套袋前,可喷吡虫啉、抗蚜威等药剂,待药液干后,即可套袋。喷药后如不能及时套袋、药效期已过或喷药后降水,要及时补喷。套袋后要调查袋内黄粉蚜为害情况。一般要抽查 3% 以上,若发现 0.3%~0.5% 袋内有黄粉虫,就要喷药保护。一般用抗蚜威、吡虫啉等药剂,重点喷袋口,要将袋喷湿,利用其熏蒸作用,杀死袋内的黄粉蚜。

(2)套袋后防治:6 月初梨黄粉蚜开始大量繁殖,并可陆续钻入套袋质量不高的梨果上为害,此为防治的又一关键期,应根据发生情况用药 1~2 次。常用药剂有苦参碱、印楝素、吡虫啉、啶虫脒和抗蚜威等。

六、梨小食心虫

梨小食心虫属鳞翅目小卷蛾科,又称桃折梢虫,简称梨小。国内分布广泛,北起黑龙江,南到福建、云南等地均有发生。可为害苹果、梨、山楂、桃、李、杏、樱桃等多种果树,是梨树的重要害虫之一。

为害诊断 幼虫前期蛀食新梢,多从上部叶柄基部蛀入髓部,向下蛀至木质化处便转移,蛀孔流胶并有虫粪,受害嫩梢逐渐枯萎,俗称"折梢"。后期以蛀果为主,幼虫多从萼、梗洼处蛀入,早期被害果蛀孔外有虫粪排出,晚期被害多无虫粪。幼虫蛀入直达果心,高湿情况下梨果蛀孔周围常变黑腐烂,逐渐扩大,俗称"黑膏药"。蛀孔周围通常不变黑。蛀食桃、李、杏时,多为害果核附近果肉。

防治方法 梨小食心虫寄主复杂,防治时必须掌握在不同寄主上的发生和转移情况,在进行药剂防治时,要做好虫情测报,多种措施的综合治理,才能取得良好的效果。

1. 农业防治

(1)合理配置:树种建园时,应尽可能避免梨与桃、杏、李、樱桃等树种混栽,已混栽的果园要在梨小食心虫的前期寄主上加强防治,减少后期为害梨果的虫口密度。

(2)刮树皮:早春梨树发芽前,刮除老树皮,集中处理,消灭其中潜藏越冬的幼虫。

(3)及时剪除受害梢:5~6月及时剪除桃树上的被害梢,将剪掉的被害梢深埋处理(幼虫转移以前,刚变色时)。

(4)及时采摘虫卵:可有效压低虫口数量。

(5)果实套袋:在幼果期对果实进行套袋,可提高果实的外观品质,又可有效阻止梨小食心虫产卵于果面,从而防止果实受害。

2. 生物防治

(1)释放赤眼蜂在梨小产卵期,每3~5天释放赤眼蜂1次,隔株放1 000~2 000头,田间寄生率可达70%~80%。

(2)诱杀防治:秋季(约8月中旬)在树干、主枝上绑诱虫带、草片等物,诱杀脱果越冬幼虫,至11月下旬集中烧掉。利用性诱剂、黑光灯、糖醋液(糖:酒:醋:水为1:1:2:10)等诱杀梨小食心虫成虫,也是行之有效的办法。一般情况下,糖醋液和性诱剂大概每667平方米放置2~3个,频振式杀虫灯有效控制面积为3公顷。

3.药物防治　根据测报,喷药适期掌握在成虫高峰后5～7天。可选药剂种类,有5%甲氨基阿维菌素苯甲酸盐甲维盐、48%毒死蜱4 000～5 000倍液、Bt粉剂、25%灭幼脲1 200～1 500倍液、4.5%高效氯氰菊酯2 000倍液或2.5%三氟氯氰菊酯2 000倍液等。一般根据虫情,在树上交替施药2～3次,间隔时间为10～15天。

七、康氏粉蚧

康氏粉蚧属同翅目粉蚧科,又名梨粉介壳虫。分布于吉林、辽宁、河北、北京、山西、河南、山东等省区市。主要为害梨、苹果、桃、杏、柿、李、枣等果树。

为害诊断　以雌成虫和若虫吸食嫩芽、嫩叶、果实、枝干及根部的汁液。嫩枝和根部受害后,被害处肿胀,造成树皮纵裂而使树枯死。前期果实被害时,多为畸形果,受害处产生白色棉絮状蜡粉污染果实。套袋后钻入袋内为害果实,群居在萼洼和梗洼处,分泌白色蜡粉,污染果实,吸取汁液,造成组织坏死,出现大小不等的黑点或黑斑,甚至使果实腐烂,失去商品价值。

防治方法

1.加强冬春防治　果实采收后及时清理果园,将虫果、旧纸袋、落叶等集中烧毁或深埋。早春精细刮树皮,或用硬刷子刷除越冬卵囊。发芽前结合防治其他病虫害,喷布一次3～5波美度石硫合剂或索利巴尔50～80倍液。

2.诱杀、阻杀防治　晚秋雌虫产卵前,在树干上绑诱虫带、草把等,诱集雌成虫在其内产卵,产卵后将其取下烧毁。若虫出土上树前,在树干上涂抹10厘米宽的粘虫胶,以阻止若虫上树,每隔10～15天涂1次,连涂2～3次,可明显减少种群数量。

3.化学防治　在果树生长期,应抓住各代若虫孵化盛期进行防治。5月中下旬,是防治第一代康氏粉蚧的关键时期,这是果实套袋前最重要的一次防治。因此,要根据虫口密度,适时用药1～2

次,将康氏粉蚧消灭在套袋之前。6月上旬,康氏粉蚧开始向袋内转移为害,所以套袋后5～7天,是防治该虫的第二个最佳时期。可选用毒死蜱、吡虫啉、啶虫脒或杀扑磷等药剂喷雾防治。7月以后出现世代重叠,用药时期应掌握在若虫孵化后、分泌蜡粉前。喷药时,要加入助剂增加药液的渗透力,提高防治效果。

第十章　李病虫害及其防治

一、李红点病

李红点病在国内李树栽植区均有分布,为害较重。南方以四川、重庆、云南、贵州等地发生较多。

为害诊断　李红点病为害果实和叶片。叶片染病时,先出现橙黄色、稍隆起的近圆形斑点,后病部扩大,病斑颜色变深,出现深红色的小粒点。后期病斑变成红黑色,正面凹陷,背面隆起,上面出现黑色小点。发病严重时,病叶干枯卷曲,引起早期落叶。果实受害,果面产生橙红色圆形病斑,稍突起,初为橙红色,后变为红黑色,散生深色小红点。

防治方法　彻底清除果园中病叶、病果,集中焚烧或深埋,减轻来年病情。注意雨后排水,降低湿度,改善果树通风透光条件。尤其是感病植株增施肥料,改良土壤,增强树体的抗病能力,并注意排水、勤中耕,避免果园湿度过大。

在李树开花末期至展叶期,喷施 33.5％必绿二号(八羟基喹啉铜)悬浮剂 1 500～2 000 倍液,或 50％金乙生(乙膦铝＋大生)可湿性粉剂 800～1 000 倍液,或 50％琥胶肥酸铜可湿性粉剂 500 倍液,或 14％络氨铜水剂 300 倍液。

在生长期,根据病害发生情况,交替使用 33.5％必绿二号悬浮剂 1 500～2 000 倍液,或 50％金乙生(乙膦铝＋大生)可湿性粉剂 800～1 000 倍液,或 80％施普乐(代森锌)可湿性粉剂 800～1 000 倍液,或 70％甲基硫菌灵可湿性粉剂 800～1 000 倍液,或 80％好意(代森锰锌)可湿性粉剂 800～1 000 倍液,或 70％代森锰锌可湿性粉剂 600～800 倍液,或 25％苯菌灵乳油 800 倍液,或 50％异菌脲可湿性粉剂 1 000～1 500 倍液,或 50％多菌灵可湿性粉剂 500 倍液,或 10％苯醚甲环唑水分散粒剂 2 500 倍液。

二、李袋果病

李袋果病在我国分布不普遍,但在东北和西南高原地区发生较多。

为害诊断　李袋果病主要为害果实,也为害枝梢和叶片。病果畸变,中空如囊。在落花后即显症,初呈圆形或袋状,后变狭长略弯曲,病果表面平滑,浅黄至红色,失水皱缩后变为灰色、暗褐色至黑色,冬季宿留树枝上或脱落。病果无核,仅能见到未发育好的雏形核。叶片染病,在展叶期变为黄色或红色,叶面肿胀皱缩不平,变脆。枝梢染病呈灰色,略肿胀,组织松软。

防治方法　注意园内通风透光,栽植不要过密。合理施肥、浇水,增强树体抗病能力。在病叶、病果、病枝梢表面尚未形成白色粉状层前及时摘除,集中深埋。

冬季结合修剪等管理,剪除病枝,摘除宿留树上的病果,集中深埋。于花芽露白时喷 3～5 波美度石硫合剂。如当年发病严重,可在当年落叶后喷 2％～3％硫酸铜溶液 1 次。

白李芽开始膨大至露红期,采取周密细致的喷药,以铲除越冬菌源,减轻发病。可选用 33.5％必绿二号(八羟基喹啉铜)悬浮剂 1 500～2 000 倍液,或 50％金乙生(乙膦铝＋大生)可湿性粉剂 800～1 000倍液,或 80％施普乐(代森锌)可湿性粉剂 800～1 000 倍液,或 45％晶体石硫合剂 300 倍液,或 20％井冈霉素水剂 600 倍液,或 50％苯菌灵可湿性粉剂 1 500 倍液,或 70％代森锰锌可湿性粉剂 500 倍液,或 70％甲基硫菌灵可湿性粉剂 1 000 倍液等,每 10～15天喷药 1 次,连喷 2～3 次。注意喷药要周到细致。

三、李小食心虫

李小食心虫属鳞翅目小卷叶蛾科。它是为害李果的主要害虫。分布于东北、华北、西北各果产区。

为害诊断 李小食心虫幼虫蛀食果实,蛀果前在果面上吐丝结网,幼虫于网下啃咬果皮再蛀于果实内,从蛀入孔流出果胶。被害果实发育不正常,果面逐渐变成紫红色,提前落果。受害严重的果园,幼果像豆粒般大小时即大量脱落。

成虫身体背面灰褐色,腹面铅灰色。前翅长方形,烟灰色,翅面密布白点,后翅浅褐色。卵圆形,扁平,稍隆起,初产卵白而透明,孵化前转黄白色。老熟幼虫体玫瑰红或桃红色,腹面颜色较淡,头和前胸背板黄褐色,腹部末端有浅黄色臀板。蛹初化蛹为淡黄色,后变褐色。茧纺锤形,污白色。

防治方法 树冠下培土,4月下旬李树开花前(此时李小食心虫已全部化蛹,但尚未羽化),在树干周围65厘米范围内培土10厘米并踩实,可将刚羽化的成虫闷死。待羽化期过后结合松土、除草将培土撤除。

成虫羽化前,李树开花前或开花时,在树冠下、地面上喷40%毒丝本乳油1 000～1 500倍液,或苦参碱800～1 000倍液,或50%辛硫磷乳油300～500倍液,或50%二嗪磷乳油600～800倍液,或2.5%溴氰菊酯乳油2 000～2 500倍液,均有良好效果。

树上喷药杀卵及杀灭初孵幼虫,发现个别卵已孵化蛀果时,喷2.5%溴氰菊酯乳油2 000～3 000倍液,或2.5%三氟氯氰菊酯乳油2 000～3 000倍液,或4.5%比杀力(高效氯氰菊酯)乳油1 500～2 000倍液,或10%联苯菊酯乳油5 000～6 000倍液,或20%甲氰菊酯2 000～3 000倍液,或50%杀螟松乳油1 000倍液。10～15天后检查,如仍有不少新卵可再喷1次,但注意药剂的交替使用。

四、李枯叶蛾

李枯叶蛾属鳞翅目枯叶蛾科。分布面广,分布于东北、华北、西北、华东、中南等地。

为害诊断 李枯叶蛾幼虫咬食嫩芽和叶片,常将叶片吃光,仅残留叶柄,严重影响树体生长发育。

成虫全体赤褐色至茶褐色。头部色略淡,中央有1条黑色纵纹;复眼球形黑褐色;触角双栉状、带有蓝褐色。前翅外缘和后缘略呈锯齿状;后翅短宽、外缘呈锯齿状,前缘部分橙黄色。卵近圆形,绿至绿褐色,带白色轮纹。幼虫稍扁平:暗褐到暗灰色,疏生长短毛。头黑,生有黄白色短毛。蛹深褐色,外被暗灰色或暗褐色丝茧,上附有幼虫的体毛。茧长椭圆形,丝质,暗褐至暗灰色,茧上附有幼虫体毛。

防治方法 越冬幼虫出蛰盛期及第一代卵孵化盛期后是施药的关键时期,可用40%毒丝本乳油1 000~1 500倍液,或50%三硫磷乳油1 500~2 000倍液,或25%喹硫磷乳油1 000~1 500倍液,或50%混灭威磷乳油1 000~1 500倍液,或50%马拉硫磷乳油1 000倍液,或20%菊马乳油1 000~1 500倍液,或20%甲氰菊酯乳油1 500~2 000倍液,或10%联苯菊酯乳油3 000~4 000倍液,或50%杀螟松乳油1 000倍液,或95%巴丹可溶性粉剂3 000倍液,或2.5%三氟氯氰菊酯乳油2 500~3 000倍液,或2.5%溴氰菊酯乳油3 000~4 000倍液,以及其他菊酯类药剂及菊酯与有机磷剂的复配剂等。

五、李实蜂

李实蜂属膜翅目叶蜂科。它是李果的重要害虫之一,在华北、华中、西北等李果产区均有发生。

为害诊断 从花期开始,幼虫蛀食花托、花萼和幼果,常将果肉、果核食空,将虫粪堆积在果内,造成大量落果。

成虫为黑色小蜂,口器为褐色;触角丝状,雌蜂暗褐色,雄蜂深黄色;中胸背面有"义"字沟纹;翅透明,棕灰色,雌蜂翅前缘及翅脉为黑色。卵椭圆形,乳白色。幼虫黄白色,胸足3对,腹足7对。蛹为裸蛹,羽化前变黑色。

防治方法　李实蜂的防治关键时期是花期。在成虫羽化出土前,深翻树盘,将虫茧埋入深层,使成虫不能出土。越冬期灌水,也可杀死越冬虫源。在被害果脱落前,将其摘除,集中处理,消灭幼虫。于成虫产卵前喷洒40％毒丝本乳油1 000～1 500倍液,毒杀成虫。

在幼虫入土前或次年成虫羽化出土前,在李树树冠下撒5％佳丝本颗粒剂,每亩撒药1.5～2千克,或.50％辛硫磷乳油1 000～1 500倍液,每株用稀释的药液20千克,毒杀入土幼虫和羽化出土的成虫。

李树始花期和落花后,各喷施1次2.5％三氟氯氰菊酯乳油2 500～3 000倍液,或4.5％比杀力(高效氯氰菊酯)乳油1 500～2 000倍液,或灭幼脲1 500～2 000倍液,或40％毒丝本乳油1 000～1 500倍液。注意喷药质量,只要均匀、周到、细致,就会收到很好的防治效果。

六、黑星麦蛾

黑星麦蛾属膜翅目麦蛾科。在吉林、辽宁、河北、河南、山东、山西、陕西、甘肃、安徽、江苏、四川等省都有发生,在管理粗放的果园发生为害严重。

为害诊断　黑星麦蛾幼虫常群集在枝梢吐丝缀叶成巢,并将嫩叶卷成虫苞,在内啃食叶肉,多残留下表皮及叶脉。全树呈现枯黄,并造成发二次叶,影响果树生长发育。

成虫全体灰褐色。胸部背面及前翅黑褐色,有光泽,从前缘横贯到后缘,翅中央还有3～4个黑斑,后翅灰褐色。卵椭圆形,淡黄色,有珍珠光泽。幼虫背线两侧各有3条淡紫红色纵纹,貌似黄白和紫红相间的纵条纹。蛹初黄褐后变红褐色,触角与翅等长达第5腹节。茧灰白色,长椭圆形。

防治方法　第一代幼虫发生期和其他各代幼虫发生初期是防治的关键时期。常用药剂有50％杀螟松乳油1 000～1 500倍液,或25％灭幼脲3号悬浮剂1 500～2 000倍液,或10％氯氰菊酯乳油2 000倍液,或20％杀灭菊酯乳油3 000倍液,或40％毒丝本乳油1 000～1 500倍液,或25％喹硫磷乳油2 000～2 500倍液,或50％马拉硫磷乳油1 000～1 500倍液,或2.5％三氟氯氰菊酯乳油3 000～3 500倍液,或2.5％溴氰菊乳油3 000～3 500倍液,或10％联苯菊酯乳油3 500～4 000倍液,或50％辛硫磷1 000～1 500倍液,或50％杀螟硫磷1 000倍液,均有较好的防治效果。

幼虫孵化初期,用 Bt 乳剂600倍液或25％灭幼脲三号2 000～2 500倍液喷雾,可保护天敌,控制其为害。

第十一章　杏病虫害及其防治

一、杏疔病

杏疔病是杏树的主要病害,分布在我国北方杏产区。

为害诊断　主要为害新梢、叶片,也为害花和果实。发病新梢生长缓慢,节间短粗,叶片簇生。病梢表皮初为暗褐色,后变为黄绿色,病梢常枯死。叶片变黄、增厚,呈革质。以后病叶变红黄色,向下卷曲。最后病叶变黑褐色,质脆易碎,但成簇留在枝上不易脱落。花受害后不易开放,花蕾增大,萼片及花瓣不易脱落。果实染病后生长停止,果面有淡黄色病斑,其上散生黄褐色小点。后期病果干缩、脱落或挂在枝上。

防治方法　在秋、冬季结合树形修剪,剪除病枝、病叶,清除地面上的枯枝落叶,并予烧毁。生长季节出现症状时及时进行清除,连续清除2～3年,可有效地控制病情。

在杏树展叶时喷施33.5％必绿二号(八羟基喹啉铜)悬浮剂1 500～2 000倍液,或50％金乙生(乙膦铝＋大生)可湿性粉剂800～1 000倍液,或80％施普乐(代森锌)可湿性粉剂800～1 000倍液,或30％碱式硫酸铜胶悬剂300～500倍液,或14％络氨铜水剂300倍液,或70％甲基硫菌灵可湿性粉剂800～1 000倍液,或50％退菌特可湿性粉剂1 500倍液,隔10～15天1次,防治1～2次,效果良好,连续数年可基本消灭或控制杏疔病为害。

二、杏褐腐病

杏褐腐病分布于河北、河南等省。在多雨年份,如蛀果害虫严重,褐腐病常流行成灾,引起大量烂果、落果,造成很大损失。

为害诊断 杏褐腐病可侵害花、叶及果实,尤以果实受害最重。花器受害,变褐萎蔫,多雨潮湿时迅速腐烂,表面丛生灰霉。嫩叶受害,多自叶缘开始变褐,迅速扩展全叶,使叶片枯萎下垂,如霜害状。幼果至成熟期均可发病,尤以近成熟期发病最严重。病果最初发生褐色圆形病斑,果肉变褐软腐,病果腐烂后易脱落,也可失水干缩变成褐色或黑色僵果,悬挂在树上经久不落。

防治方法 早春发芽前喷33.5%必绿二号(八羟基喹啉铜)悬浮剂1 500～2 000倍液,或50%金乙生(乙膦铝＋大生)可湿性粉剂800～1 000倍液,或5波美度石硫合剂;幼果期喷33.5%必绿二号(八羟基喹啉铜)悬浮剂1 500～2 000倍液,或50%金乙生(乙膦铝＋大生)可湿性粉剂800～1 000倍液,或70%甲基硫菌灵可湿性粉剂800～1 000倍液,或80%好意(代森锰锌)可湿性粉剂800～1 000倍液,或75%百菌清800倍液,均能有效地控制病情蔓延。每隔10～15天喷1次,连续3次。

在落花以后,喷施33.5%必绿二号(八羟基喹啉铜)悬浮剂1 500～2 000倍液,或50%金乙生(乙膦铝＋大生)可湿性粉剂800～1 000倍液,或80%施普乐(代森锌)可湿性粉剂700～800倍液,每隔10～15天喷1次,连喷3次。

在果实近成熟时,喷33.5%必绿二号悬浮剂1 500～2 000倍液,或50%金乙生可湿性粉剂800～1 000倍液,或40%甲基硫菌灵悬浮剂600～800倍液,或50%苯菌灵可湿性粉剂1 500倍液加上65%代森锌可湿性粉剂500倍液。

果实采收以后,喷洒50%退菌特可湿性粉剂800倍液或40%百菌清400倍液,可控制枝、叶感染。

三、杏树细菌性穿孔病

杏树细菌性穿孔病是杏树常见的叶部病害,全国各杏产区均有发生。

为害诊断 杏树细菌性穿孔病主要侵染叶片,也能侵染果实和枝梢。叶片发病,开始在叶背产生水渍状淡褐色小斑点,扩大后呈圆形或不规则形病斑,紫褐色至黑褐色,周围具有水渍状黄绿色晕圈;后期病斑干枯,与周围健康组织交界处出现裂纹,脱落穿孔,或部分与叶相连。枝条发病后,形成春季和夏季两种溃疡斑。春季溃疡斑发生在上年夏季长出的枝条上,形成暗褐色小疱疹,常造成枝条枯死,病部表皮破裂后,病菌溢出菌液,传播蔓延。夏季溃疡斑发生在当年生嫩梢上以皮孔为中心形成暗紫色水渍状斑点,后变成褐色,圆形或椭圆形,稍凹陷,边缘呈水渍状病斑,不易扩展,很快干枯。

防治方法 喷药保护,发芽前喷 5 波美度石硫合剂,或 45%晶体石硫合剂 100 倍液,或 33.5%必绿二号(八羟基喹啉铜)悬浮剂 1 500～2 000 倍液,或 50%金乙生(乙膦铝＋大生)可湿性粉剂 800～1000 倍液,或 30%碱式硫酸铜胶悬剂 400～500 倍液。

发芽后喷 72%农用链霉素可溶性粉剂 2 000 倍液,或硫酸链霉素 2 000 倍液加机油乳剂:代森锰锌:水的10:1:500 倍液,除对细菌性穿孔病有效外,还可防治蚜虫、介壳虫等。

在生长期(5～6 月)喷 33.5%必绿二号悬浮剂 1 500～2 000 倍液,或 50%金乙生可湿性粉剂 800～1 000 倍液,每隔 10～15 天喷 1 次,共喷 2～4 次。

四、杏黑星病

杏黑星病是杏树常见的叶部病害,全国各杏产区均有发生。

为害诊断 杏黑星病主要为害果实,也可侵害枝梢和叶片。果实上发病多在果实肩部,先出现暗绿色圆形小斑点,发生严重时病斑聚合连片呈疮痂状,至果实近成熟时病斑变为紫黑色或黑色,随果实增大果面往往龟裂。枝梢染病后,出现浅褐色椭圆形斑点,边缘带紫褐色,后期变为黑褐色稍隆起,并常流胶,表面密生黑色小粒点。叶片发病多在叶背面叶脉之间,初时出现不规则形或多角形灰绿色病斑,渐变褐色或紫红色,最后病斑干枯脱落形成穿孔,严重时落叶。

防治方法 春季发芽前喷1次40%退菌特可湿性粉剂600倍液或5波美度石硫合剂,铲除枝梢上的越冬菌。

落花后15天至6月份,每隔10～15天喷1次33.5%必绿二号(八羟基喹啉铜)悬浮剂1 500～2 000倍液,或50%金乙生(乙膦铝＋大生)可湿性粉剂800～1 000倍液,或62.25%惠生(腈菌唑锰锌)可湿性粉剂800～1 000倍液,或25%粉锈通(三唑酮)可湿性粉剂1 000～1 200倍液,连喷3～4次。也可选用40%氟硅唑乳油2 500～3 000倍液,或12.5%腈菌唑可湿性粉剂800～1 000倍液,或50%多菌灵800～1 000倍液,或5%仙星乳油500倍液,或25%腈菌唑乳油500～1 000倍液,或25%丙环唑乳油1 000～1 500倍液,或50%苯菌灵可湿性粉剂1 500倍液,或80%好意(代森锰锌)可湿性粉剂800～1 000倍液,或80%炭疽福美可湿性粉剂600～800倍液,或80%施普乐(代森锌)可湿性粉剂800～1 000倍液,或65%代森锌可湿性粉剂500～600倍液,或70%甲基硫菌灵800～1 000倍液。

五、杏仁蜂

杏仁蜂属膜翅目广肩小蜂科。在辽宁、河北、河南、山西、陕西、新疆等果区的杏产区均有发生,杏和山黄杏受害最重,陕西大接杏受害最严重。

为害诊断 雌蜂产卵于初形成的幼果内,幼虫啮食杏仁,被害的杏脱落或在树干上干缩。

杏仁蜂成虫为黑色小蜂。雌成虫头大黑色,复眼暗赤色,胸部及胸足的基节黑色,其他各节橙色,腹部橘红色,有光泽。雄成虫有环状排列的长毛,腹部黑色。卵白色,微小。幼虫乳白色,体弯曲。初化蛹为乳白色,其后显现出红色的复眼,雌虫腹部为橘红色,雄虫腹部为黑色。

防治方法 早春发芽前越冬幼虫出土期,可用5%佳丝本颗粒剂直接施于树冠下土中,每亩1.5~2千克;或在树上喷0.5波美度石硫合剂,施药要均匀周到,可以杀死越冬幼虫及越冬后刚开始活动的幼虫。

成虫羽化期,在地面撒5%佳丝本颗粒剂每株25~30克,或3%辛硫磷颗粒剂每株250~300克,或50%辛硫磷乳油30~50倍液,撒药后浅耙,使药土混合。树体喷洒50%辛硫磷乳油1 000~1 500倍液,或50%敌敌畏500倍液,或40%毒丝本乳油1 000~1 500倍液,或80%敌敌畏1 500~2 000倍液,或2.5%溴氰菊酯乳油1 500~2 000倍液,或2.5%氯氟氰菊酯乳油1 500~2 000倍液,每周喷1次,共喷2次。

六、杏象甲

杏象甲属鞘翅目卷象科。在东北、华北、西北等果产区均有发生。

为害诊断 杏象甲成虫取食幼芽嫩枝、花和果实,成虫产卵于幼果内,并咬伤果柄。幼虫在果实内蛀食,使受害果早落。

成虫体椭圆形,紫红色具光泽,有绿色反光,体密布刻点和细毛。喙细长略下弯,喙端部、触角、足端深红色,有时出现蓝紫色光泽。前胸背板"小"字形凹陷不明显。鞘翅略呈长方形,后翅半透明灰褐色。卵椭圆形,初产乳白色,近孵化变黄色,表面光滑微具光泽。幼虫乳白色微弯曲,老熟幼虫体表具横皱纹。蛹裸蛹,椭圆形,初乳白渐变黄褐色,羽化前红褐色。

防治方法 成虫出土期(3月底至4月初)清晨震树,利用其假死性进行人工捕杀成虫。及时捡拾落果,集中处理消灭其中幼虫。

成虫出土盛期,每次用5%佳丝本颗粒剂,每亩1.5~2千克均匀撒施于树冠下,或50%辛硫磷乳油0.8~1千克,加水50~90倍液均匀喷于树冠下;或以50%辛硫磷乳油0.8~1千克加水5倍液喷拌300倍的细土使其成毒土,撒于树冠下,皆能取得较好效果。根据此虫发生轻重,施药1~2次,间隔1月,可基本控制为害,特别是在幼虫出土期间如遇天降透雨或灌水后 2～3 天施药,效果尤佳。此外,也可使用 50％,二嗪农乳油 0.5～0.8 千克/亩,或 2％杀螟硫磷粉剂 0.5 千克/株;也可喷施 40％毒丝本乳油 1 000～1 500 倍液,或 50％辛硫磷乳油 800 倍液,或 25％喹硫磷乳油 1 000～1 500 倍液,或 2.5％溴氰菊酯乳油 1 500～2 500 倍液,每隔 15 天喷洒 1 次,连续施用 2～3 次。

七、朝鲜球坚蚧

朝鲜球坚蚧是杏树上普遍发生的害虫。分布于东北、华北、华东地区及河南、陕西、宁夏、四川、云南、湖北、江西等省区。

为害诊断　朝鲜球坚蚧以若虫和雌成虫集聚在枝干上吸食汁液,被害枝条发育不良,出现流胶,树势严重衰弱,树体不能正常生长和花芽分化。在被害枝条上布有很多球状或龟甲状虫体,上面覆盖蜡质,虫多时可覆盖全枝条,被害枝条芽子干瘦而小,叶片小,叶片黄脱落,枝条衰弱严重时枯死。

雌成虫介壳近半球形,暗红褐色,壳尾端略突出并有一纵裂缝,表面覆有薄层蜡质,略有光泽,背面有凹陷小点,排列不整齐。雄成虫介壳长扁圆形,白色,两侧有两条纵斑纹,前翅半透明,前缘淡红,翅面有细微刻点。卵长椭圆形,半透明,初产时为白色,后渐变粉红色,近孵化时在卵的前端呈现红色眼点。初孵若虫长椭圆形扁平,淡褐至粉红色被白粉。越冬后雌雄分化,雌体卵圆形,背面隆起呈半球形,淡黄褐色,有 1 条紫黑横纹。雄虫有蛹期,裸蛹,长扁圆形,足及翅芽为淡褐色。茧长椭圆形灰白半透明,扁平背面略拱。

防治方法　早春防治,在发芽前结合防治其他病虫,先喷 1 次 5 波美度石硫合剂,然后在杏树萌芽后至花蕾露白期间,再喷 1 次 25％喹硫磷乳油 1 000 倍液,或 40％毒丝本乳油 1 000～1 500 倍液,或 95％机油乳剂 400～600 倍液,或 5％重柴油乳剂,或 3.5％煤焦油乳剂,或用洗衣粉 200 倍液。

若虫孵化期防治,在 6 月上、中旬连续喷药 2 次,间隔 1 周。可用 25%亚胺硫磷 500~600 倍液,或 50%马拉硫磷乳油 1 000 倍液,或 40%速扑杀乳油 1 500~2 000 倍液,或 40%毒丝本乳油 1 000~1 500 倍液,或 4.5%比杀力(高效氯氰菊酯)乳油 1 000~1 500 倍液,上述药剂中混 1%的中性洗衣粉可提高防治效果。每次喷药都必须细致周到,尽量使虫体直接沾上药液。如喷药后遇雨,应补喷 1 次。

第十二章 荔枝、龙眼病虫害及其防治

一、荔枝霜疫霉病

荔枝霜疫霉病为荔枝产区普遍发生和为害严重的重要真菌性病害,主要为害花穗、果实、结果小枝,亦可为害叶片。将近成熟及成熟果受害尤为严重。可引起大量落花、落果、烂果和裂果,特别是在成熟前 20 天内,常常大流行发生,造成严重损失,损失率可达30％～80％。

为害诊断　霜疫霉病主要在荔枝花期和果实成熟期发生严重。花穗期发病,花穗变褐色腐烂,病部在湿度大或保湿时长出白色的霉状物。结果小枝、果柄受害,病斑呈褐色,病、健界限不明显。果实成熟前,可在任何部位发病,形成褐色的病斑,潮湿时可长出白色的霉状物,病斑迅速扩大至全果变褐,果肉腐烂、发酸。病斑部位常形成裂果,容易脱落。

防治方法

1.果园管理　科学建设果园的排灌系统,防止果园积水。结合修剪把病虫枝、弱枝、荫枝剪去,使树冠通风透光良好,同时把落地果、病枝清理出果园,防止病原孢子散发,减少越冬病原。

2.做好冬、春防病　冬季清园时,可用 30％氧氯化铜悬浮剂600 倍液全树喷施 1 次;在 3 月底至 4 月初,气温回升,雨水增加时,可用 30％氧氯化铜悬浮剂 600 倍液,或 1％石灰等量式波尔多液全树喷施 1 次,也要喷施到树冠、树干和树盘下的地面,杀死越冬的病原菌。

3.药剂防治　防治荔枝霜霉病,可于花蕾期、幼果期和果实成

熟期喷药保护。注意不同类型和作用机制的药剂轮换使用,尽量延缓抗药性产生。可选用1‰波尔多液(只宜在幼果期使用),或40%乙膦铝可湿性粉剂500倍液,或20%安克(烯酰吗啉)可湿性粉剂1 500~2 000倍液,或50%锐扑(氟吗啉+乙膦铝)可湿性粉剂500~800倍液,或72.2%普力克水剂600~800倍液,或72%克露可湿性粉剂600~800倍液。

二、荔枝、龙眼炭疽病

荔枝、龙眼炭疽病是荔枝、龙眼生产中一种重要的真菌性病害。为害幼叶、花穗和果实,造成荔枝成熟期大量烂果和落果。

为害诊断 叶片受害常从叶尖或叶缘开始,初时产生圆形或不规则形淡褐色小病斑,迅速向叶基部扩展为深褐色的大斑,斑面可呈明显或不明显的云纹,病、健界限分明。在叶背形成许多初为褐色后变为黑色的小粒点,突破表皮,为病菌的分生孢子盘,湿度大时,溢出粉红色的黏液,为病菌的分生孢子团。严重时叶片干枯、脱落。花枝受害,花穗变褐色枯死。将近成熟或采后的果实受害,初为黄褐色的小斑,后变为圆形或不规则形褐斑,病部与健部分界不明显,后变质腐烂发酸。湿度大时,病部上产生许多红色黏液小粒点。

防治方法 加强栽培管理,增施有机肥和磷肥、钾肥,实行配方施肥,避免偏施氮肥,增强树势,提高抗病能力;果园及时排除积水;冬季清园,修剪并烧毁病枯枝、落叶、落果;清园后喷1次0.5~0.8波美度的石硫合剂,或40%猛龙(多菌灵+硫黄)悬浮剂500倍液。在嫩梢抽出后、叶片初展时、花穗期、幼果期,每隔7~10天喷药1次,连喷2~3次,大雨后加喷1次。4~5月可结合防虫混合喷药。可选用70%甲基硫菌灵或50%多菌灵可湿性粉剂1 000倍液,或75%百菌清500~1 000倍液,或40%猛龙(多菌灵+硫黄)悬浮剂400倍液,或25%使百克或施保克乳油800~1 000倍液,或50%使百功或施保功(咪鲜胺锰盐)可湿性粉剂2 000~2 500倍液,或 45%代森铵水剂 500～600 倍液,或 77%可杀得(氢氧化铜)可湿性粉剂 400～600 倍液。

三、荔枝、龙眼酸腐病

荔枝、龙眼酸腐病是为害果实的一种常见真菌性病害,引起果实腐烂变质。

为害诊断　病菌多从成熟果实受蒂蛀虫、椿象等为害而致的伤口处发生,果蒂部首先发病。病部初呈褐色,后逐渐变为近圆形或不定形的暗褐色病斑并迅速扩大,直至全果变褐腐烂。病果外壳硬化,暗褐色;内部果肉腐烂,有酸臭味并有酸水流出。潮湿时,病部长满白色霉状物(病菌的分生孢子),白霉紧贴果皮,细粉状。而霜疫病形成的白霉较细疏,似白霜。

防治方法　加强栽培管理,在果实近熟期注意有效防治荔枝椿象及果蛀蒂虫等。在田间管理、采收、贮运时,要避免损伤果实和果蒂。采果前喷 70%甲基托布津可湿性粉剂+75%百菌清可湿性粉剂 1 000～1 500 倍液,或 30%氧氯化铜悬浮剂 600～800 倍液,或 25%使百克或施保克乳油 800～1 000 倍液,或 50%使百功或施保功可湿性粉剂 2 000～2 500 倍液;采收后用双胍盐 500～700 倍液或 75%抑霉唑乳油 1 000～1 500 倍液+0.02% 2,4-D 溶液浸果 1～2 分钟,对防治酸腐病有较好的防治效果。

四、荔枝、龙眼鬼帚病

荔枝、龙眼鬼帚病是一种病毒病,主要为害龙眼春梢与花穗,荔枝上也有发生。在福建为害较严重,发病枝梢的花穗不能结实,造成枝梢枯死,严重影响树势及产量。

为害诊断　嫩梢受害,幼叶变狭小,呈淡绿色,叶缘卷曲不能展开,严重的全叶卷曲成线状。大叶呈波浪状,小叶叶柄常扁化变宽,叶片凹凸不平,叶缘向叶背卷曲皱缩,叶脉淡黄绿色,呈明脉现象,脉间出现不规则黄绿色斑驳。发病严重时,畸形叶全部脱落。

这些秃枝节间短,所生的侧枝节间也短,成为一丛无叶的枝群,由此得名。花穗受害,节间也缩短,致使整个花穗丛生成簇状,花蕾多且密集在一起并畸形膨大,但发育不正常,多数不开花结果,病穗干枯后不易脱落,常悬挂在枝梢上。

防治方法 实行检疫,严禁从病区调入苗木、接穗和带病种子等繁殖材料,防止此病传入无病区。新区及新建果园如发现病株,应及早挖除烧毁。培育无病苗木,从无病母树上采种培育砧木,从无病、品质优良的母株上剪取接穗嫁接育苗。加强栽培管理,施足有机肥,适当增施磷肥、钾肥,使树体生长健壮,提高抗病力。发病轻的树,及早剪除病梢、病穗,对防止病害发展、延长结果年限有一定的作用。加强防治传毒害虫,嫩梢期及时喷药,防治荔枝椿象和角颊木虱,减少传病途径。

五、荔枝、龙眼叶斑病

荔枝、龙眼叶斑病常见的有灰斑病、叶点霉灰枯病、壳二孢叶斑病、叶尖焦枯病等。在荔枝、龙眼产区均有发生,严重的可导致落叶,使树势衰退,影响产量和品质。

为害诊断

1. 灰斑病 病斑多从叶尖开始发生,后向叶缘扩展。病斑圆形或椭圆形,深褐色,后逐渐扩大或若干个小斑连合成不规则的大病斑,后期病斑变为灰白色,在病斑上密生小黑点。

2. 叶点霉灰枯病 初期叶面产生针头大小的圆形褐色斑,扩大后变为灰白色,边缘褐色,病斑上生有数个黑色小粒点,叶背病斑灰褐色,边缘不明显,病斑周围有时出现黄晕。

3. 壳二孢叶斑病 初期产生圆形、椭圆形或不规则褐色小斑点,病斑中央灰白色或淡褐色,边缘暗褐色,后期病斑常融合成不规则大病斑,蔓延至叶基,引起落叶。

防治方法 加强栽培管理,增施有机肥,增强树势,提高植株抗病能力。对衰老果园要及时更新修剪,剪除病虫枝、弱枝,集中烧毁,增强果园通风透光,改造果园环境,使之不适宜病菌生长。对有病史的果园,要经常检查病害发生情况,及时在病害初期喷药防治。可选用 30%氧氯化铜悬浮剂 600 倍液,或 77%可杀得可湿性粉剂 400～600 倍液,或 50%多菌灵可湿性粉剂 800 倍液,或 70%甲基硫菌灵可湿性粉剂 800 倍液,或 70%代森锰锌可湿性粉剂 500～600 倍液,或 75%百菌清可湿性粉剂 1 000 倍液,或 25%使百克或施保克(咪鲜胺)乳油 800～1 000 倍液,或 50%使百功或施保功可湿性粉剂 1 500 倍液等。

六、荔枝、龙眼煤烟病

荔枝、龙眼煤烟病是荔枝、龙眼产区老果园普遍发生的一种真菌性病害,主要为害老叶,也可为害枝条。病叶被煤烟状霉层所覆盖变为黑色,影响光合作用,导致树势衰弱,花少果少,产量下降。

为害诊断 果树的叶片、枝梢和果实受害后,其表面产生一层暗褐色至黑褐色霉层,以后霉层增厚成为煤烟状。有时霉层边缘翘起或成片脱落,剥离后叶表面仍为绿色。后期霉层上散生许多黑色小粒点或刚毛状突起。严重受害时,植株叶片卷缩、褪绿,甚至脱落。

防治方法 煤烟病的发生与害虫为害程度关系密切,故治虫防病为防治该病主要综合防治措施。有效治理害虫,抓住介壳虫、蚜虫、粉虱等刺吸式口器害虫的若虫期施药,可收到事半功倍之效。可选用 40%好劳力乳油或 48%乐斯本乳油 1 000 倍液,喷药控病。在煤烟病发生初期,及时喷施 0.3%～0.5%石灰等量式波尔多液,或 95%机油乳剂＋50%多菌灵可湿性粉剂 600～800 倍液,或 30%氧氯化铜悬浮剂 600 倍液,隔 5～7 天 1 次,连喷 2～3 次。加强栽培管理。合理修剪,改善果园通风透光条件;合理科学施肥,增强树势。

七、荔枝、龙眼藻斑病

荔枝、龙眼藻斑病是常见的一种由寄生藻为害引起的病害。病斑可布满叶片,影响光合作用,使树势衰弱。在老龄的荔枝树上发生尤为普遍。

为害诊断 主要为害老叶和成叶,很少为害嫩叶。叶片受害,先产生白色至黄褐色、针头大小的圆形或不规则形小斑,并以此为中心,向四周扩展,呈放射状、近圆形或不规则形黑褐色斑点。病斑稍隆起,斑上有时长有灰绿色或黄褐色毛绒状物,边缘不整齐。嫩叶受害时,在叶片上密生褐色小斑,叶片生长受到抑制而变小。老叶正、反两面都可出现病斑,但以正面为主。

防治方法 加强果园管理,及时松土施肥,排除积水,合理修剪,使树体既健壮且有良好通风透光。发病初期以及清园后,可喷1½波尔多液,或 0.5～1 波美度石硫合剂,或 30％氧氯化铜悬浮剂600 倍液,或 77％可杀得可湿性粉剂 400～600 倍液。

八、蒂蛀虫

蒂蛀虫俗称蛀顶虫,是荔枝、龙眼产区普遍而严重的蛀果害虫。该虫以幼虫为害新梢嫩叶、花穗,在生理落果后幼果膨大期蛀害果核,造成大量落果,虫粪遗留果蒂内,导致果实品质严重下降。

为害诊断 成虫为小型细长的蛾子,体表灰黑色,腹面白色,触角丝状,比虫体长 1 倍;前翅灰黑色,狭长,静止时并拢于体背,左、右翅面有两条曲折的白色条纹,相接呈"爻"字状;后翅灰黑色,细长如剑,缘毛甚长,约为翅宽的 4 倍;前翅最末端的橙黄色区有 3个银白色光泽斑,是与只为害幼叶但不蛀果的近缘种细尖蛾的区别特征。卵小,呈扁圆形,半透明、黄白色,单个散产于果壳龟裂片缝间,卵表面有不规则花纹。幼虫扁筒形,多足型,除 3 对胸足外,腹部第三腹节、第四腹节、第五节腹节和第十腹节,各具足 1 对,第六腹节的腹足退化,这一特征是细蛾科幼虫与其他蛀果的鳞翅目多足型幼虫的主要区别。在果内取食的幼虫体色乳白,在梢叶取食的幼虫体色淡绿。蛹纺锤形,淡黄色,羽化前变灰黑色,化蛹于果穗附近叶面上、白色椭圆形、扁平薄膜状的丝质茧内,羽化后可见蛹衣半露于茧外。

防治方法 做好果园管理,科学合理用肥。合理疏梢;在第二次生理落果后、果实成熟前 20 天、采收前 10 天喷药防治,可用40％好劳力或 48％毒死蜱 1 000 倍液,或 4.5％绿百事 1 000 倍液。

九、荔枝椿象

荔枝椿象是荔枝、龙眼产区发生为害最普遍的一种主要害虫。以成虫、若虫刺吸幼果果柄、花穗、嫩梢,被害部位变色、干枯,导致落花、落果、凋萎。该虫遇惊时射出臭液自卫,触到嫩叶、花果,可局部引起灼伤而枯焦,果壳变焦褐色,严重影响产量。

为害诊断 成虫体黄褐色,腹面覆有白色蜡粉,但越冬交尾后蜡粉残缺;雌成虫一般较雄虫体型略大,臭腺开口于胸部腹面中足基部侧后方。卵近圆形,淡绿色或淡黄色,卵 14 粒,两行排列于叶片背面。若虫有 5 龄,1 龄体椭圆形,初孵时体色鲜红色,渐变深蓝,复眼深红色;2 龄体为长方形,橙红色,外缘灰黑色,至第五龄体长至 18～20 毫米,体色较前各龄略浅,翅芽较长,将羽化时体被蜡粉,若虫有假死性,受惊扰时下坠。

防治方法 抓住两个最关键用药适期。一是在 3 月中下旬,越冬成虫开始活动,即将产卵,抗药力最弱,而且此时有效杀灭成虫可显著降低虫口基数,有利于全年的防治;另一用药适期是在 5 月中下旬,此时卵已大量孵化,低龄若虫体表蜡质薄、角质化程度低,对药物较为敏感,用药防治效果较好。有效药剂有菊酯类农药(如绿百事、安绿宝、敌杀死、灭百可等)1 500～2 000 倍液,每个用药适期防治 1～2 次。

十、瘿螨

瘿螨分布于我国各荔枝产区。以成螨和若螨刺吸荔枝叶、幼梢、花穗、果实。叶片受害,出现突起、扭曲畸形,产生灰白色绒毛,后渐变成黄褐色,状似"毛毡"。嫩梢受害,出现扭曲、畸形干枯;花穗受害,常全穗畸形干缩。幼果受害,出现畸形,长出绒毛,似小绒球,极易脱落。

为害诊断 成螨体极微小,一般肉眼不易见,蠕虫状,狭长,淡黄色至橙黄色,螯肢及须肢各一对,腹部渐细,腹部密生环纹,末端有长毛状伪足 1 对。卵圆球形,淡黄色,半透明,光滑。若螨似成螨、体略小,体色由灰白、半透明渐变成浅黄色,腹部环纹不明显。

防治方法 结合修剪,除去瘿螨为害枝、荫枝、病弱枝,保证树冠适当通风透光,不利于瘿螨发生,并可显著减少虫源。控制冬梢,也能有效地减少虫源。果园套种藿香蓟可以保持果园生态平衡,改良天敌栖息繁衍环境,利用天敌控制瘿螨。于抽梢前或幼叶展开前施药防治,选用 25%倍乐霸(三唑锡)可湿性粉剂 1 000～1 500 倍液,或 73%克螨特乳油 1 500～2 000 倍液,或 57%炔螨特乳油 1 000～1 500 倍液,或 20%牵牛星(哒螨酮)可湿性粉剂 2 000～2 500 倍液喷施。

十一、龙眼角颊木虱

龙眼角颊木虱是龙眼上一种分布广且常见的重要害虫。成虫刺吸嫩芽、嫩叶、花穗嫩茎的汁液;若虫于嫩叶背面固定吸食,受害点呈钉状向叶面突起,若虫匿居叶背凹穴中,受害叶片皱缩畸形并变黄,提早落叶,导致树势生长衰退,影响产量。该虫还能传播龙眼鬼帚病。

为害诊断 成虫背面黑色,腹面黄色,头短而宽,颊锥极发达,呈圆锥状向前方平伸,并疏生细毛;复眼灰褐色,单眼淡黄褐色。触角末端 2 节黑色,其余黄色,末节顶部有一对褐色的细刚毛,又状,外长内短。足黄色,但前足胫端及跗节,中后足端跗节以及爪均为黑色。翅透明,前翅具显著的略呈"K"字形黑褐色条斑,腹部粗壮,锥形。卵长椭圆形,前端尖细并延伸成一长丝,成弧状弯曲,后端钝圆,腹面扁平,并具短柄突起,以固定在植物组织上;初产卵乳白色,近孵化时为褐色,可见两个红色眼点。初孵若虫体浅黄色,后变黄色,复眼鲜红色,体扁平,椭圆形,周缘有蜡丝;三龄若虫翅芽显露,四龄若虫前后翅芽重叠,体背面显现红褐色条纹。

防治方法 保护利用天敌。及时喷药防治,可选用 40% 好劳力乳油 1 000 倍液,或 20% 好年冬乳油 1 000~1 500 倍液,或 25% 扑虱灵 1 000 倍液,或 10% 安绿宝(氯氰菊酯)乳油 2 000 倍液,或 10% 吡虫啉 2 000 倍液。

第十三章　石榴病虫害及其防治

一、石榴干腐病

石榴干腐病是石榴常见病害,全国各石榴产区均有发生。

为害诊断　石榴干腐病主要为害果实,也侵染花器、果苔、新梢。花瓣受侵部分变褐,花萼受害初期产生黑褐色椭圆形凹陷小病斑,有光泽,病斑逐渐扩大变浅褐色,组织腐烂,后期产生暗色颗粒体,即分生孢子器。幼果受害,一般在萼筒处发生不规则形豆粒大小浅褐色病斑,逐渐向四周扩展直到整个果实腐烂,颜色由浅到深,形成中间黑边缘浅褐界线明显病斑。发病5~6天即可从先发病部位逐次向外产生黑点,子室内腐烂较快。成熟果发病后较少脱落,果实腐烂不带湿性,后失水变为僵果,红褐色。在贮藏期可造成果实腐烂,以后果面产生密集丛生小黑点。

防治方法　冬季清园时喷40%福美胂可湿性粉剂600倍液,或3~5波美度石硫合剂,或40%腐轮特(福美胂)悬浮剂600~800倍液。

生长季、花前及花后各喷33.5%必绿二号(八羟基喹啉铜)悬浮剂1 500~2 000倍液,或50%金乙生(乙膦铝＋大生)可湿性粉剂800~1 000倍液,或80%好意(代森锰锌)可湿性粉剂800~1 000倍液,或50%多菌灵可湿性粉剂800~1 000倍液,或70%甲基硫菌灵可湿性粉剂700~1 000倍液;6月上旬喷布10%苯醚甲环唑水分散颗粒剂2 000~2 500倍液,或25%苯菌灵乳油800倍液;7月上旬至8月上旬喷布33.5%必绿二号悬浮剂1 500~2 000倍液,或80%三乙膦酸铝可湿性粉剂600~800

倍液,或 70%甲基硫菌灵 1 000 倍液＋80%代森锰锌可湿性粉剂 1 000 倍液;8 月下旬至 9 月上旬喷布 33.5%必绿二号悬浮剂 1 500～2 000 倍液。果实摘袋后再及时喷布 90%三乙膦酸铝 600～800 倍液＋50%多菌灵 800 倍液。

二、石榴褐斑病

石榴褐斑病是石榴常见病害,全国各石榴产区均有发生。

为害诊断 石榴褐斑病主要为害叶片和果实,引起前期落果和后期落叶。叶片受害侵染后,初为褐色小斑点,扩展后呈近圆形斑点。靠中脉及侧脉处呈方形或多角形。病斑边缘黑色至黑褐色,微凸,中间灰黑色,叶背面与正面的症状相同。果实上的病斑近圆形或不规则形,黑色稍凹陷,亦有灰色绒状小粒点,果着色后病斑外缘呈淡黄白色。

防治方法 药剂防治,初春时用 3～5 波美度石硫合剂,或 40%腐轮特(福美胂)悬浮剂 600～800 倍液喷淋地面和植株,防止该病发生。

在发芽前喷布 5 波美度石硫合剂,或 40%腐轮特(福美胂)悬浮剂 600～800 倍液;发芽后喷 33.5%必绿二号(八羟基喹啉铜)悬浮剂 1 500～2 000 倍液,或 50%金乙生(乙膦铝＋大生)可湿性粉剂 800～1 000 倍液,或 70%丙森锌可湿性粉剂 800 倍液,或 50%多菌灵可湿性粉剂 800 倍液,或 40%甲基硫菌灵悬浮剂 800 倍液,或 25%苯菌灵·环己锌乳油 800 倍液,或 70%甲基硫菌灵可湿性粉剂 800～1 000 倍液,或 65%代森锌可湿性粉剂 500～800 倍液,或 40%氟硅唑乳油 7 000 倍液,或 12.5%腈菌唑乳油 4 000 倍液,防治 4～6 次。喷药时要注意喷匀、喷细,不能漏喷,叶背、叶面均要喷到,可以取得良好的防治效果。

三、石榴叶枯病

为害诊断 石榴叶枯病主要为害叶片,病斑圆形至近圆形,褐色至茶褐色,直径 8～10 毫米,后期病斑上生出黑色小粒点,即病原菌的分生孢子盘。

防治方法 保证肥水充足,调节地温促根壮树,疏松土壤,抑制杂草,免于耕作。适当密植,通风透光好。

发病初期喷施 33.5％必绿二号(八羟基喹啉铜)悬浮剂 1 500～2 000 倍液,或 50％苯菌灵可湿性粉剂 800～1 000 倍液,或 47％加瑞农可湿性粉剂 700 倍液,或 30％碱式硫酸铜悬浮剂 400 倍液,或 50％金乙生(乙膦铝＋大生)可湿性粉剂 800～1 000 倍液,隔 10 天左右 1 次,防治 3～4 次。

四、石榴煤污病

为害诊断 石榴煤污病主要为害叶片和果实,一般在叶片形成后就会感染此病。病树的枝干、叶片上挂满一层煤烟状的黑灰,用手摸时有黏性。病树发芽稍晚,树势弱,正常花少,产量低,果实皮色青黑,品质下降。

防治方法 发现介壳虫、蚜虫等刺吸式口器害虫为害时,及时喷洒 1.8％虫螨杀星(可维菌素)乳油 2 000～2 500 倍液或 40％毒丝本乳油 1 000～1 500 倍液。

必要时喷洒 50％万霉敌(多菌灵＋乙霉威)可湿性粉剂 800～1 000 倍液,或 50％美消(甲基硫菌灵＋乙霉威)可湿性粉剂 800～1 000 倍液,或 40％氟硅唑乳油 8 000～9 000 倍液,或 25％腈菌唑乳油 6 000～7 000 倍液,隔 10 天左右 1 次,连续防治 2～3 次。

五、石榴茎窗蛾

石榴茎窗蛾属鳞翅目窗蛾科,是石榴的主要害虫之一,在我国石榴产区均有分布、为害。

为害诊断 石榴茎窗蛾幼虫钻蛀石榴干枝,严重地破坏树形结构,是丰产、稳产的主要障碍因素之一。重灾果园为害株率达 96.4％。

成虫体长 10～17 毫米,翅展 30～43 毫米;乳白色微黄,有丝光;前翅前缘有 11～16 条褐色斜纹,顶角有 1 块不规则的褐色斑,斑下方内陷,弯曲呈钩状;臀角有条褐色斑纹,近后缘有数条短横纹;后翅白色透明,基横线、内横线、中横线、外横线均为茶褐色,有深色边,中横线下部分为 2 条;腹部白色,各节背面有茶褐色横带;腹部腹面和足内侧及各节间有白色毛。卵椭圆形,初产时白色,渐变为褐色。老熟幼虫体长 30～35 毫米,青黄色,头褐色;前胸背板淡褐色,后部有 3 列深褐色弧形带,带上有钩刺;腹足 4 对,趾钩单序环状,臀足退化;第八腹节腹面有 3 个褐色楔形斑,其中间 1 个较尖细;腹部末节坚硬,深褐色,背面斜截,末端分叉,叉端呈钩状。蛹体深褐色,头和腹末紫褐色。

防治方法 在幼虫孵化盛期,可喷 40%毒丝本乳油 1 000～1 500 倍液,或 4.5%比杀力(高效氯氰菊酯)乳油 1 000～1 500 倍液,或 2.5%溴氰菊酯乳油 2 000～3 000 倍液,或敌马合剂 1 000 倍液,或 50%辛硫磷乳油 1 000～1 500 倍液,喷树冠外围枝梢,每隔 15 天喷 1 次,共喷 3 次,可杀卵和毒杀初孵幼虫。

对蛀入新梢的幼虫,用磷化铝片堵虫孔,先仔细查找最末一个排粪孔,用 2.5%溴氰菊酯乳油 1 000～1 500 倍液,注入虫孔,然后把所有虫孔用泥封堵,防治效果达 94%以上。

对蛀入 2～3 年生枝干内的幼虫,用注射器从最下一个排粪孔处注入抗芽威、吡虫啉等药剂,然后用泥封口毒杀,防治率可达 100%。

六、石榴巾夜蛾

石榴巾夜蛾属鳞翅目夜蛾科。在全国各产区均有分布,为害石榴等果树。

为害诊断 石榴巾夜蛾其幼虫主要为害石榴,在 30～40 厘米高的盆栽石榴上可有幼虫 10 条左右,严重时能将当年新叶吃尽,仅留新梢。在石榴枝叶间白天静伏不动,紧贴枝梗,幼龄期不易发现,稍大食量骤增。

防治方法 落叶至萌芽前的 11 月至翌年 3 月,在树干周围挖捡越冬虫蛹。幼虫发生期人工捕捉幼虫喂食家禽。

在幼虫发生期喷施 40％毒丝本乳油 1 000～1 500 倍液,或 1.8％虫螨杀星(阿维菌素)乳油 2 000～2 500 倍液,或 50％辛硫磷 1 500～2 000 倍液,或 20％杀灭菊酯乳油 1 500～2 000 倍液。

七、豹纹木蠹蛾

豹纹木蠹蛾属鳞翅目豹蠹蛾科。在江苏、浙江、安徽、河南、山东等省石榴产区发生为害。

为害诊断 被害枝基部木质部与韧皮部之间有 1 个蛀食环,幼虫沿髓部向上蛀食,枝上有数个排粪孔,有大量的长椭圆形粪便排出,受害枝上部变黄枯萎,遇风易折断。

防治方法 结合冬、夏剪枝,剪除虫枝,集中烧毁。在成虫羽化初期,产卵前利用白涂剂涂刷树干,可防产卵或产卵后使卵干燥,不能孵化。

用细钢丝从最上一个排粪孔向上捅,然后在孔内塞入蘸有 50％敌敌畏 100 倍液的棉球或药泥堵杀幼虫。

在幼虫孵化期结合防治桃小食心虫,喷施 40％毒丝本乳油 1 000～1 500倍液,或 4.5％比杀力(高效氯氰菊酯)乳油 1 000～1 500 倍液,或 1.8％虫螨杀星(阿维菌素)乳油 2 000～2 500 倍液,或 10％赛波凯乳油 3 000～5 000 倍液,能有效地杀死幼虫。

成虫盛发期结合防治其他害虫,喷施 1.8％虫螨杀星乳油 2 000～2 500倍液,或 2.5％氯氟氰菊酯乳油 3 000 倍液,或 2.5％联苯菊酯乳油 1 500～2 000 倍液,或 10％溴马乳油 1 000～1 500 倍液,或 20％菊马乳油 1 000～1 500 倍液等。

第十四章 核桃病虫害及其防治

核桃病害有 30 多种,核桃害虫有 179 种,其中核桃的炭疽病、枝枯病、黑斑病和腐烂病对核桃为害严重,核桃举肢蛾是核桃的重要害虫。由于各地环境、气候、管理措施的差异,重点防治的对象也不尽相同,在制定防治方法时能够在地面防治的尽量把害虫控制在上树前。

一、核桃炭疽病

核桃炭疽病在河南、山东、河北、山西、陕西、四川、江苏、辽宁等地均有不同程度发生,在新疆为害较严重。主要为害果实,果实受害后早期脱落或核桃仁不饱满,发病严重年份造成减产。

为害诊断 核桃炭疽病主要为害核桃的果实,亦为害叶、芽、嫩枝,苗木及大树均可受害。果实受害后,病斑初为黑褐色,近圆形,后变黑色凹陷,由小逐渐扩大为近圆形或不规则形,于中央产生许多褐色至黑色小点,多呈同心轮纹状排列,为病菌的分生孢子盘,天气潮湿时涌出粉红色的分生孢子团。发病条件适宜时,直径3 毫米的小病斑即可产生分生孢子盘和分生孢子,随后变成粉红色的小凸起,1 个病果上可达 19 个病斑,病斑扩大成片后,整个果实变暗褐色,最后腐烂、变黑、发臭,果仁干瘪。叶片感病后发生黄色不规则病斑,在叶脉两侧呈长条状枯斑,在叶缘发病呈约 1 厘米宽的枯黄色病斑。严重时全叶变黄,造成早期落叶。苗木和嫩枝、芽感病后,常从顶端向下枯萎,叶片焦枯脱落。

防治方法 发芽前喷施 3～5 波美度石硫合剂,消灭越冬病菌。展叶期和 6～7 月间各喷施 50％金乙生(乙膦铝＋大生)可湿性粉剂 800～1 000 倍液 1 次。

发病严重的核桃园,于 5～6 月发病期间,喷施 25%拢总好(多菌灵＋咪鲜胺)可湿性粉剂 600～700 倍液,或 80%炭疽福美可湿性粉剂 600 倍液,或 33.5%必绿二号悬浮剂 1 500～2 000 倍液,或 50%金乙生可湿性粉剂 800～1 000 倍液,或 80%施普乐(代森锌)可湿性粉剂 500～600 倍液,或 75%百菌清可湿性粉剂 500～800 倍液,或 50%多菌灵可湿性粉剂 800～1 000 倍液,或 70%甲基硫菌灵可湿性粉剂 800～1 000 倍液,或 50%咪鲜胺可湿性粉剂 800 倍液,或 10%多氧霉素可湿性粉剂 1 000～1 500 倍液加 0.2%木薯粉或洗衣粉,防效更好。

二、核桃枝枯病

核桃枝枯病在河南、山东、河北、陕西、山西、江苏、浙江、云南、黑龙江、吉林、辽宁等省均有发生和为害。

为害诊断 核桃枝枯病多发生在 1～2 年生枝条上,严重地块病枝率可达 20%～30%,造成大量枝条枯死,影响树体发育和核桃产量。该病为害核桃、野核桃、核桃楸和枫杨和枝条及树干,尤其是 1～2 年生枝条,病菌先侵害幼嫩的短枝,从顶端开始渐向下蔓延直至主干。被害枝条皮层初呈暗灰褐色,后变为浅红褐色或深灰色,大枝病部下陷,病死枝干的木栓层散生很多黑色小粒点,直径 0.2～0.3 毫米,即病原的分生孢子盘。受害枝上叶片逐渐变黄脱落,枝皮失绿变成灰褐色,逐渐干燥开裂,病斑围绕枝条一周,枝干枯死,甚至全树死亡。湿度大时,从分生孢子盘上涌出大量黑色短柱状分生孢子,湿度再增大则形成长圆形,直径 1～3 毫米的黑色孢子团块。

防治方法 加强核桃园栽培管理,增施肥水,增强树势,提高抗病能力。彻底清除病株、枯死枝,集中烧毁。核桃剪枝应在展叶后落叶前进行,休眠期间不宜剪锯枝条,以免引起伤流而死枝、死树。

冬季或早春树干涂白。涂白剂配制方法为：生石灰12.5千克、食盐1.5千克、植物油0.25千克、硫黄粉0.5千克、水50千克。

刮除病斑：如发现主干上有病斑，可用利刀刮除病部，并用1%硫酸铜液消毒伤口后，涂刷40%福美胂可湿性粉剂30～50倍液，或70%甲基硫菌灵可湿性粉剂50倍液，或3～5波美度石硫合剂，或5%菌毒清水剂30倍液涂抹消毒。

喷药保护：发芽前可喷3波美度石硫合剂，或40%福美胂可湿性粉剂100倍液。生长季节可喷施33.5%必绿二号悬浮剂1 500～2 000倍液，或50%金乙生（乙膦铝＋大生）可湿性粉剂800～1 000倍液，或50%退菌特可湿性粉剂800～1 000倍液，或70%甲基硫菌灵可湿性粉剂1 000倍液，或45%代森铵水剂1 000倍液，或80%好意（代森锰锌）可湿性粉剂1 000～1 200倍液，或80%三乙膦酸铝可湿性粉剂1 000倍液，半个月左右喷1次，药剂交替使用，共喷2～3次。

三、核桃黑斑病

核桃黑斑病又名核桃细菌性黑斑病、核桃黑腐病，发病遍及河南全省，在其他各省核桃产区均有发生。

为害诊断　为害核桃叶片、新梢、果实及雄花和苗木。在嫩叶上病斑褐色，多角形，在较老叶片上病斑呈圆形，中央灰褐色，边缘褐色，有时外围有黄色晕圈，中央灰褐色部分有时形成穿孔，严重时病斑互相连接。有时叶柄也可出现边缘褐色，中央灰色，外围有黄晕圈病斑。枝梢上病斑长形，褐色，稍凹陷，严重时病斑包围枝条使上部枯死。果实受害初期表面出现小而稍隆起的油浸状褐色斑，后迅速扩大渐凹陷变黑，外围有水渍状晕纹，果实由外向内腐烂直至核壳。如果果核尚未变硬前，病菌向核内蔓延为害种仁，最后全果变黑而脱落。

防治方法　选择抗病品种，加强土、肥、水管理。山区注意刨树盘，蓄水保墒，保持树体健壮生长，增强抗病能力。及时清除病叶、病果、病枝和核桃采收后脱下的果皮,集中烧毁或深埋。及时防治核桃举肢蛾等害虫,采果时避免损伤枝条。

谨防蛀果害虫。 蛀果害虫主要是核桃举肢蛾,5月中、下旬成虫羽化前,喷撒5%佳丝本颗粒剂2~3千克/亩,撒后中耕,使药入土。在幼虫发生期,可用40%毒丝本乳油1 000~1 500倍液喷雾防治,减少蛀果,减轻病害。

核桃发芽前喷洒1次3~5波美度石硫合剂;展叶时喷施33.5%必绿二号(八羟基喹啉铜)悬浮剂1 500~2 000倍液,或50%金乙生(乙膦铝+大生)可湿性粉剂800~1 000倍液,或用72%农用链霉素可湿性粉剂6000倍液,或70%甲基硫菌灵可湿性粉剂800~1 000倍液,或20%小叶敌灵水剂800~1 000倍液,于雌花开花前、开花后和幼果期各喷1次。

四、核桃腐烂病

该病在西北、华北地区及山东、山西、安徽等省的核桃产区均有发生和为害。从幼树到大树均有受害。特别是新疆核桃产区为害较重,病株率可达80%左右。

为害诊断 核桃腐烂病主要为害枝干树皮,因树龄和感病部位不同,其病害症状也不同。大树主干感病后,病斑初期隐藏在皮层内,俗称"湿囊皮",有时多个病斑连片成大的斑块,周围聚集大量白色菌丝体,从皮层内溢出黑色粉液。发病后期,病斑可扩展到长达20~30厘米。树皮纵裂,沿树皮裂缝流出黑水(故称黑水病),干后发亮,好似刷了一层黑漆。幼树主干和侧枝受害后,病斑初期近于梭形,呈暗灰色,水浸状,微肿起,用手指按压病部,流出带泡沫的液体,有酒糟气味。病斑上散生许多黑色小点,即病菌的分生孢子器。当空气湿度大时,从小黑点内涌出橘红色胶质丝状物,为病菌的分生孢子角。病斑沿树干纵横方向发展,后期病斑皮层纵向开裂,流出大量黑水,当病斑环绕树干一圈时,导致幼树侧枝或全株枯死。

防治方法 对于土壤结构不良、土层瘠薄、盐碱重的果园,应先改良土壤,促进根系发育良好,并增施有机肥料。合理修剪,及时清理剪除病枝、死枝,刮除病皮,集中销毁。增强树势,提高抗病能力。

早春及生长期应及时刮治病斑,刮后用 70％甲基硫菌灵可湿性粉剂 60 倍液,或 45％晶体石硫合剂 25～30 倍液,或 50％苯菌灵可湿性粉剂 1 000 倍液消毒。用 40％福美胂 50～100 倍液,也可用菌毒清 5％水剂 20～50 倍液喷药防治。此病易复发,夏、秋季应及时检查、刮治。刮口应光滑,平整,以利愈合。以春季为重点,其次是秋季,但常年检查及刮治不能放松,刮下的病屑应及时收集烧毁,避免人为传染。

五、核桃举肢蛾

核桃举肢蛾属鳞翅目举肢蛾科,又名核桃黑或黑核桃。分布于河南、河北、山西、陕西、甘肃、四川、贵州等省核桃产区。此虫仅为害核桃。

为害诊断 核桃举肢蛾幼虫蛀入果实后蛀孔呈现水珠,初期透明,后变为琥珀色。幼虫在表皮内纵横蛀食为害,虫道内充满虫粪,一个果内幼虫可达几头,多者 30 余头。被害处果皮发黑,并逐渐凹陷、皱缩,使整个果皮全部变黑,皱缩变成黑核桃,有的果实呈片状或条状黑斑。核桃仁(子叶)发育不良,表现干缩而黑,故又称为核桃黑。早期钻入硬壳内的部分幼虫可蛀食种仁,有的蛀食果柄,破坏维管束组织,引起早期落果。有的被害果全部变黑,干缩在枝条上。

防治方法 冬、春季细致春耕翻树盘,消灭土中越冬成虫或虫蛹。8 月上旬摘除树上被害果并集中处理。

喷药防治成虫,成虫羽化出土前,可用 5％佳丝本颗粒剂 2～3 千克/667 平方米,或 50％辛硫磷乳剂 200～300 倍液树下喷洒,然后浅锄或盖一薄层土。

关键期树上喷药,以5月下旬至6月上旬和6月中旬至7月上旬,为两个防治关键期。可喷施4.5%比杀力(高效氯氰菊酯)乳油1 000～1 500倍液,或1.8%虫螨杀星(阿维菌素)乳油2 000～2 500倍液,或2.5%溴氰菊酯乳油2.500～3 000倍液,或20%甲氰菊酯乳油2 000～2 500倍液,或40%毒丝本乳油1 000～1 500倍液,或50%辛硫磷乳油1 000～1 500倍液,或50%杀螟松乳油1 000～1 500倍液,或80%敌敌畏乳油1 000倍液,或10%联苯菊酯乳油5 000～6 000倍液,喷洒树冠和枝干,每隔10～15天喷药1次,连喷2～3次,可杀死羽化成虫、卵和初孵幼虫。

六、木橑尺蠖

木橑尺蠖属鳞翅目尺蛾科。该虫分布于河北、河南、山东、山西、陕西、四川、台湾、北京等省市。

为害诊断 主要以幼虫为害叶片,小幼虫将叶片吃成缺刻与孔洞,是一种暴食性害虫,发生量大时,3～5天即可将叶片全部吃光而留下叶柄,群众又称其为"一扫光"。此虫发生密度大时,大片果园叶片被吃光,造成树势衰弱,核桃大量减产。

防治方法 在3龄前用药防治,各代幼虫孵化盛期,特别是第一代幼虫孵化期喷4.5%比杀力(高效氯氰菊酯)乳油1 000～1 500倍液,或1.8%虫螨杀星(阿维菌素)乳油2 000～2 500倍液,或50%杀螟松乳油1 000～1 500倍液,或50%辛硫磷乳油1 000～1 500倍液,或50%马拉硫磷乳油1 000～1 500倍液,或2.5%氯氟氰菊酯乳油4 000～4 500倍液,或20%甲氰菊酯乳油1 500～2 000倍液,或50%辛敌乳油1 500～2 000倍液,或10%联苯菊酯乳油6 000～8 000倍液,均可收到较好效果。

第十五章　枣病虫害及其防治

目前,各枣产区报道的枣树病害有 20 多种。在生产中发生普遍、为害严重的病害主要有枣锈病、枣疯病、枣炭疽病、枣缩果病、枣焦叶病等。枣树虫害有 30 多种,其中发生普遍、为害严重的虫害有枣尺蠖、枣黏虫、枣龟蜡蚧、枣瘿蚊等。

一、枣锈病

枣锈病是枣树重要的流行性病害,全国分布广泛,尤以河南、山东、河北等枣产区更为严重。一般为害后减产 20%～60%,重的年份甚至绝收。

为害诊断　枣锈病仅为害叶片,病初在叶片背面散生淡绿色小点,后逐渐突起成黄褐色锈斑,多发生在叶脉两侧及叶尖和叶基。后期破裂散出黄褐色粉状物。叶片正面,在与夏孢子堆相对处呈现许多绿色小斑点,叶面呈花叶状,逐渐失去光泽,最后干枯早落。落叶先从树冠下部开始,逐渐向上蔓延。在病落叶背面可产生黑褐色的冬孢子堆,稍突起,不突破表皮。

防治方法　在 7 月上旬枣锈病的盛发期喷药防治。根据降雨情况决定喷药次数,每隔 15 天喷布 1 次,可以用 25% 粉锈通(三唑酮)可湿性粉剂 800～1 500 倍液,或 33.5% 必绿二号(八羟基喹啉铜)悬浮剂 1 500～2 000 倍液,或 50% 金乙生(乙膦铝＋大生)可湿性粉剂 800～1 000 倍液,或 70% 甲基硫菌灵可湿性粉剂 1 000 倍液,或 65% 代森锌可湿性粉剂 500 倍液,或 12.5% 烯唑醇可湿性粉剂 2 000 倍液,或 30% 氟菌唑可湿性粉剂 2 000 倍液,或 50% 多菌灵可湿性粉剂 500～1 000 倍液,或 75% 百菌清 600～800 倍液,或

144

12.5％腈菌唑乳油 2 000～3 000 倍液,或 80％好意(代森锰锌)800
倍液。发病前期以保护性杀菌剂为主,发病期要以保护性杀菌剂
和治疗性杀菌剂混用,有良好的效果。

二、枣疯病

枣疯病是枣树的一种毁灭性病害,在全国大部分枣区均有发
生,河北、北京、山西、陕西、河南、安徽、广西等枣产区发生较严重,
一般病株率达 3％～5％,有的枣园高达 30％以上,对枣树生产造成
较大损失。

为害诊断 枣疯病的发生,一般是先从一个或几个枝条开始,
然后再传播到其他枝条,最后扩展至全株,但也有整株同时发病
的。症状特点是枝叶丛生,花器变为营养器官,花柄延长成枝条,
花瓣、萼片和雄蕊肥大、变绿、延长成枝叶,雌蕊全部转化成小枝。
病枝纤细,节间变短,叶小而萎黄,一般不结果。病树健枝能结果,
但其所结果实大小不一,果面凹凸不平,着色不匀,果肉多渣,汁少
味淡,不堪食用。病枝上的叶片,先是叶肉变黄,叶脉仍绿,而后整
叶逐渐变黄,叶缘上卷,暗淡无光,硬而发脆,秋后干枯不落。后期
病根皮层变褐腐烂,最后整株枯死。

防治方法 加强枣园肥水管理,对土质差的进行深翻扩穴,增
施有机肥,改良土壤,促进枣树生长,增强抗病能力,可减缓枣疯病
的发生和流行。枣产区尽量施行枣粮间作,避免病株和健株根的
接触,以阻止病害传播。发现病苗应立即刨除;严禁病苗调入或调
出;及时刨除病树;及时去除病根蘖及病枝,减少初侵染来源。

主干环割:枣树落叶至发芽前,在病树主干距地面 20～30 厘
米处,用手锯环锯 1～3 圈,锯环要连续,深度一致,锯透树皮而不
要伤及木质部太深,以阻断病原体向地上部运转。

主根环割:在重病树根周围,挖开土壤,使主根基部暴露,并在
基部锯出与主干一样的环状沟,切断韧皮部中的筛管,使病原菌无
法生存。

防虫治病的关键是控制第一代为害,并据第一代带毒率决定以后的用药,及时喷药消灭传病叶蝉可有效地降低枣疯病传播蔓延的速度。以4月下旬、5月中旬和6月下旬为最佳喷药时期,全年共喷药3~4次。一般可在4月下旬枣树萌芽时喷施40％毒丝本乳油1 000~1 500倍液,或50％辛硫磷乳剂1 000倍液,防治中国拟菱纹叶蝉初龄幼虫;5月中旬花期前喷施4.5％比杀力(高效氯氰菊酯)乳油1 000~1 500倍液,或10％氯氰菊酯乳油1 000倍液,防治第一代若虫,兼治凹缘菱纹叶蝉;6月下旬枣盛花期后,喷施1.8％虫螨杀星(阿维菌素)乳油2 000~2 500倍液,或80％敌敌畏乳油1 000倍液,或50％辛硫磷乳油1 000倍液,或20％氰戊菊酯1 000倍液,防治第1代成虫;7月中旬喷施1.8％虫螨杀星乳油2 000~2 500倍液,或2.5％溴氰菊酯乳油1 000倍液,或10％联苯菊酯乳油1 000~1 500倍液,或50％杀螟硫磷乳油1 000倍液等进行防治。

三、枣炭疽病

枣炭疽病是枣生产中重要的病害之一,分布于河南、山西、陕西、安徽等省。以河南灵宝大枣和新郑灰枣受害最重。炭疽病为害一般年份产量损失20％~30％,发病重的年份损失高达50％~80％。

为害诊断 枣炭疽病主要侵害果实,也可侵染枣吊、枣叶、枣头及枣股。染病果实着色早,在果肩或果腰处出现淡黄色水渍状斑点,逐渐扩大成不规则形黄褐色斑块,中间产生圆形凹陷病斑,病斑扩大后连片,呈红褐色,引起落果。在潮湿条件下,病斑上长出许多黄褐色小突起,即为病原菌的分生孢子盘及粉红色黏性物质即病原菌的分生孢子团。剖开病果,果核变黑味苦,不能食用。轻病果虽可食用,但均带苦味,品质变劣。叶片受害后变黄绿早落,有的呈黑褐色焦枯状悬挂在枝头。

防治方法 发病期前先用一次杀菌剂消灭树上病原.可选用33.5％必绿二号(八羟基喹啉铜)悬浮剂1 500~2 000倍液,或

50％金乙生（乙膦铝＋大生）可湿性粉剂 800～1 000 倍液,或 70％甲基硫菌灵可湿性粉剂 800～1 000 倍液,或 50％多菌灵可湿性粉剂 800～1 000 倍液等。

7 月下旬至 8 月下旬,间隔 10 天左右,喷施两次 33.5％必绿二号(八羟基喹啉铜)悬浮剂 1 500～2 000 倍液,或 50％金乙生(乙膦铝＋大生)可湿性粉剂 800～1 000 倍液,或 25％拢总好(多菌灵＋咪鲜胺)可湿性粉剂 600～700 倍液,或 80％炭疽福美可湿性粉剂600 倍液,或 75％百菌清可湿性粉剂 800 倍液,或 77％氢氧化铜可湿性粉剂 400～600 倍液,或 10％多氧霉素可湿性粉剂 1 000 倍液交替使用,并混入 80％好意(代森锰锌)可湿性粉剂 800～1 000 倍液,保护果实,既可兼治枣锈病,又可防治炭疽病的感染,至 9 月上、中旬一般结束喷药。

四、枣缩果病

枣缩果病是枣树的一种新病害,常与炭疽病混合发生,目前已成为威胁枣果产量和品质的重要病害。分布于河北武邑地区及河南、山东、山西、陕西、安徽、甘肃、辽宁等省。

为害诊断　枣缩果病为害枣果,引起果腐和提前脱落。病果初在肩部或胴部出现淡黄色晕环,逐渐扩大,稍凹呈不规则淡黄色病斑。进而果皮水渍状,浸润型,散布针刺状圆形褐点;果肉土黄色、松软,外果皮暗红色、无光泽。病部组织发软萎缩,果柄暗黄色,提前形成离层而早落。病果小、皱缩、干瘪,组织呈海绵状坏死,味苦,不堪食用。

防治方法　加强对枣树害虫,特别是刺吸口器和蛀果害虫,如桃小食心虫、介壳虫、椿象等害虫的防治,可减少伤口,有效减轻病害发生。前期喷施杀虫剂,如 4.5％比杀力(高效氯氰菊酯)乳油1 000～1 500 倍液,或 1.8％虫螨杀星(阿维菌素)乳油 2 000～2 500 倍液,或 50％杀螟松乳油 1 000～1 500 倍液,或 50％辛硫磷乳油 1 000～1 500 倍液,或 50％马拉硫磷乳油 1 000～1 500 倍液,或 2.5％氯氟氰菊酯乳油 4 000～4 500 倍液,或 20％甲氰菊酯乳油 1 500～2 000 倍液,或 50％辛敌乳油 1 500～2 000 倍液,或 10％联苯菊酯乳油 6 000～8 000 倍液,以防治食芽象甲、叶蝉、枣尺蠖为主;后期 8～9 月结合杀虫,采用氯氰菊酯等杀虫剂与烯唑醇混合喷雾,对枣缩果病的防效可达 95％以上。

根据气温和降雨情况,7 月下旬至 8 月上旬喷第一次药,间隔 10 天左右再喷 2～3 次药,枣果采收前 10～15 天是防治关键期。目前比较有效的药剂有:农用链霉素 200 万国际单位 5 000～6 000 倍液,或 80％好意(代森锰锌)可湿性粉剂 800～1 000 倍液。喷药时要均匀周到,雾点要细,使果面全部着药,遇雨及时补喷。

五、枣树焦叶病

枣树焦叶病分布于我国河南、甘肃、安徽、浙江、湖北等部分枣产区,其中河南新郑枣产区最为严重。

为害诊断 枣树焦叶病主要表现在枣叶、枣吊上。发病初期出现灰色斑点,局部叶绿素解体,之后病斑呈褐色,周围呈淡黄色,半月后病斑中心出现组织坏死,叶缘淡黄色,由病斑连成焦叶,最后焦叶呈黑褐色,叶片坏死,部分出现黑色小点。病枣吊上的中后部枣叶由绿变黄,不枯即落。枣吊多数由顶端向下枯焦。

防治方法 从 6 月上旬开始,每半个月喷 1 次叶枯净 500 倍液,或抗枯宁 600 倍液,或 33.5％必绿二号(八羟基喹啉铜)悬浮剂 1 500～2 000 倍液,或 50％金乙生(乙膦铝＋大生)可湿性粉剂 800～1 000 倍液,或 77％氢氧化铜 800～1 000 倍液;从 7 月上旬开始,每隔 10 天喷 1 次抗枯宁 500 倍液＋农用链霉素 200 万国际单位 5 000～6 000 倍液,或 20％小叶敌灵水剂 800 倍液＋3％多抗霉素 1 000 倍液,连喷 3 次,即可控制该病发生。

六、枣尺蠖

枣尺蠖属鳞翅目尺蛾科。在我国所有枣产区均有分布,在河北、山东、河南、山西、陕西五大产枣区常猖獗成灾。

为害诊断 以幼虫为害枣芽、枣吊、花蕾、新梢和叶片等绿色组织部分。将叶片吃成缺刻，芽被咬成孔洞但未被全部吃光时，展叶后很多叶片有孔洞。严重时嫩芽被吃光，甚至将芽基部啃成小坑，造成大幅度减产，甚至绝收。

防治方法 晚秋和早春翻树盘消灭越冬蛹。孵化前刮树皮消灭虫卵。早春成虫即将羽化时，在树干中下部刮去老粗皮，绑宽 20 厘米扇形薄膜，用 2.5％溴氰菊酯 1 000 倍液浸草绳，晾干后捆绑薄膜中部，将薄膜上方向下反卷成喇叭形，以阻止和杀死上树雌蛾和幼虫。

在卵孵化盛期喷施 4.5％比杀力（高效氯氰菊酯）乳油 1 500～2 000 倍液，或 2.5％溴氰菊酯乳油 1 000～1 500 倍液，10 天 1 次，直至卵孵化完。

枣树发芽展叶时，大部分幼虫进入 2 龄时，用农药喷洒，毒杀幼虫。常用药剂有：40％毒丝本乳油 1 000～1 500 倍液，或 50％辛硫磷乳油 1 000 倍液，或 4.5％比杀力乳油 1 500～2 000 倍液，或 1.8％虫螨杀星（阿维菌素）乳油 2 000～2 500 倍液，或 50％马拉硫磷乳油 1 000 倍液，或 2.5％溴氰菊酯乳油 4 000～5 000 倍液。为防止产生抗药性，药剂要轮换使用。

七、枣龟蜡蚧

枣龟蜡蚧广泛分布于我国各地，其中以山东、山西、河北、湖北、江苏、浙江、福建、陕西关中东部等地区比较严重。

为害诊断 枣龟蜡蚧成虫、若虫和幼虫用刺吸口器为害果树的枝条和叶片。虫体介壳白色，拟龟甲状蜡质介壳布满枝条或叶片，幼虫在叶片上多顺叶脉排成条状，吸食汁液并大量分泌排泄物使枝条或叶片产生黑色霉菌污染枝叶，影响光合作用。被害枝衰弱，严重时枝条死亡或造成枣头、枣股枯死，也可造成幼果脱落而减产。

　　防治方法　休眠期结合冬季修剪剪除虫枝，雌成虫孵化前用刷子或木片刮刷枝条上的成虫。严冬季节如遇雨雪天气，枝上结有厚冰时，可拍打树枝使越冬虫随冰震落而死亡。或喷洒2%柴油乳剂，喷后半小时用木棍敲打，震落虫体，效果非常好。

　　若虫孵化期喷药防治，用1.8%虫螨杀星（阿维菌素）乳油2 000～2 500倍液，或20%甲氰菊酯乳油1 000倍液，或2.5%溴氰菊酯乳油1 000～2 000倍液，或25%喹硫磷乳油1 000～1 500倍液等药剂。为提高杀虫效果，可在药液中混入0.1%～0.2%的洗衣粉，虫口密度大时，最好在喷药前先刷擦，利于药物渗入。在农药中加入0.5%柴油乳剂，效果也非常好。每隔15天喷1次，共喷2～3次。

第十六章　芒果病虫害及其防治

一、芒果炭疽病

芒果炭疽病,是芒果生产中发生最普遍、为害最大的一种病害。各芒果种植区均有发生。

为害诊断　该病为害幼苗和成株的嫩叶、嫩梢、花序和幼果。染病嫩叶最初产生黑褐色圆形、多角形或不规则形小斑,病斑周围有黄晕,小斑扩大或多个小斑连合形成大的枯死斑,病斑常破裂和穿孔。重病叶片皱缩、扭曲、畸形,最后干枯脱落,留下无叶的秃枝。嫩梢受侵染后出现淡黑色略下陷病斑,以后发展成灰褐色斑块。病斑扩展环缢枝条时,可使病部以上的枝条枯死。花序染病,在花梗上初现褐色或黑褐色小斑,多个小斑融合成不规则形大斑,小花受侵染后花瓣变黑褐、腐烂,常引起大量小花凋萎变黑脱落。幼果受害后皱缩、变黑而脱落。有的只产生针尖大小的小斑,不立即表现症状,病菌潜伏在果皮内,在果实采收前或采收后才陆续出现症状,果实外部出现近圆形黑色小斑点,最后导致全果发黑腐烂。在潮湿的情况下,病部长出许多初为橘红色黏稠状物,后转为黑褐色的小粒点,此即病菌的分生孢子盘。

防治方法　选种抗病或耐病品种。做好果园管理工作,创造不利于病菌滋生的环境。根据芒果树的物候期及天气情况,及时喷药预防,可选用 1% 等量式波尔多液,或 80% 新万生或代森锰锌 400～600 倍液,或 2.5% 施保克或使百克乳油 750～1 000 倍液,或 75% 百菌清可湿性粉剂 500～800 倍液进行叶面喷雾,在花蕾期每10 天喷 1 次,连续 2～3 次,小果期每月喷 1 次,抽梢期自芽萌动伸长时起,每 7～10 天喷 1 次,连续 2～3 次。

二、芒果白粉病

芒果白粉病,是芒果花期的一种重要真菌性病害,为害花序、幼果及嫩叶。

为害诊断 芒果的花序、幼果、嫩叶和枝梢上均有发生。发病初期幼嫩组织表面出现少量分散的白粉状小斑块,病斑扩大融合形成一层白色粉状物。受害嫩叶常扭曲或畸形,病组织变为棕褐色,病部略隆起。花序受害后花朵停止开放,花梗不再伸展,2～3天后花蕾变黑、枯萎脱落,后期病部出现黑色小点(病菌的子囊壳)。严重时引起大量落叶、落花和落果。

防治方法 在抽蕾期和开花期各喷药 1 次防病,有效药剂有:20%粉锈宁可湿性粉剂 1 000～1 500 倍液,或 50%硫黄胶悬剂350～500倍液,或 12.5%敌力康可湿性粉剂 1 500～2 000 倍液进行叶面喷雾,每 10～15 天喷 1 次,共喷 2～3 次。

三、芒果疮痂病

为害诊断 芒果疮痂病,是芒果生产中的一种重要真菌性病害。为害桩果幼嫩多汁的叶片、小枝、花序和果实。被害患部产生木栓化粗糙隆起的疮痂斑。嫩叶染病后多从下表皮开始出现淡褐色至棕褐色、近圆形的病斑,叶片发生扭曲、畸形,严重时嫩叶脱落。较老叶片受害,叶背产生稍隆起的病斑,稍大,灰褐色,中央白色至灰色,隆起部分中央稍裂开,后期病部脱落形成穿孔。被害枝梢产生稍微凹陷的椭圆形或不规则形灰色病斑,开裂或造成枯梢。幼果染病,产生灰色至褐色木栓化稍隆起小病斑,后病斑密生并连结成斑块,病斑边缘不规则,中央组织粗糙,呈星状裂开,潮湿时在病斑上产生灰色至褐色绒毛状的分生孢子堆。病果易脱落。

防治方法 严格检疫,避免病菌扩散。及时清除果园中的病枝、病叶并烧毁。在抽梢期及花穗期喷药,7～10 天喷 1 次,共喷

2～3次。有效药剂有：70%代森锰锌可湿性粉剂 400～500 倍液，或 80%新万生或代森锰锌可湿性粉剂 600～800 倍液，或 40%多·硫悬浮剂 600 倍液。

四、芒果细菌性黑斑病

芒果细菌性黑斑病，在我国芒果产区均有发生，病菌侵染后，常引起落叶、落果，影响树势和产量。

为害诊断 主要为害叶片、枝条和幼果。染病叶片上最初出现水渍状深绿色的小斑点，后逐渐扩展，但受叶脉限制而形成褐色至深褐色的多角形病斑，病斑周围有黄色晕圈，斑上常溢出菌脓，最后老病斑转为灰白色，有时干裂。嫩枝受侵染，病部明显褪绿并纵向开裂，裂缝渗出胶汁变成黑斑。果柄受害、组织坏死，引致落果。染病幼果上出现不规则暗绿色水渍状斑块，病斑中央凹陷、边缘隆起呈溃疡病状，后星状爆裂，天气潮湿时病部有菌脓溢出。严重时造成大量落叶和落果。

防治方法 做好清园工作，清除病枝残叶，集中烧毁。在嫩梢和幼果期，尤其在台风雨后要喷药保护。可选用 1%波尔多液，或 40%乙膦铝可湿性粉剂 80～100 倍液，或 30%DT 杀菌剂 500 倍液，或 30%氧氯化铜悬浮剂 500 倍液，或 53.8%可杀得悬浮剂 800～1 000倍液，或 200 毫克/千克农用链霉素叶面均匀喷雾，每隔10～14 天喷 1 次，连喷 2～3 次。

五、芒果流胶病

芒果流胶病，是芒果枝干重要的真菌性病害，严重时可引起枝条、茎干枯死。

为害诊断 主要为害枝条、茎干和幼果。病部出现条状溃疡，中部稍下陷，渗出树胶，初为白色、后为褐色，上生黑色小粒点，表皮组织变色、粗糙、开裂，严重时皮部、韧皮部、木质部变黑坏死，环枯后，病部以上枝叶枯死。病部下面有时会抽出新枝条，但长势差,叶片褪色。苗期分生孢子多数从嫁接口或截干口入侵,沿茎而下,韧皮部变黑,有黑褐色黏液。

防治方法 尽量减少农事操作对果树的机械损伤,及时防治天牛,避免造成伤口。科学管理果园,及时清除病残体,减少病菌来源,排除积水,降低湿度。选择抗病品种做嫁接材料,从健壮母株选取芽条,嫁接工具要用75%乙醇消毒,并保持接口部位干燥。病害出现后,及时剪除病枝梢。主干上的病斑,可用快刀割除直至健康组织,后用30%氧氯化铜原液或波尔多液涂敷伤口。花芽萌发后至采果前半个月,喷药剂保梢保果,选用80%新万生或代森锰锌可湿性粉剂600～800倍液,或77%氢氧化铜可湿性粉剂500～600倍液,或53.8%可杀得悬浮剂800～1 000倍液,或75%百菌清可湿性粉剂500～600倍液,或70%甲基托布津可湿性粉剂600～800倍液。

六、芒果蒂腐病

芒果蒂腐病是芒果采后储运过程中的主要真菌性病害,导致芒果腐烂,降低商品价值。

为害诊断 通常在湿热条件下,先在果柄周围的蒂部开始发病。常见引起蒂腐病的有半知菌的3个种。症状表现分别为:一是发病初期蒂部出现暗褐色病变,无光泽,病健部交界明显,病部向果身扩展,变为深褐色或黑褐色,果肉组织软化,果皮开裂,流汁,有甜味,3～5天后全果变黑腐烂;二是发病初期果蒂出现暗黄褐色病变,水渍状,果皮皱缩,无液汁流出,后变成浅褐色至黄褐色,果肉腐烂;三是发病初期果蒂呈暗黄褐色病变,扩展速度较慢,转为深褐色,果实腐烂液化、流汁、有酸味。

防治方法 及时清除果园内的枯枝病叶及落果。在果实采收及贮运过程中尽量减少机械损伤。在果实收获前,喷1%波尔多液,或25%施保克或使百克乳油1 000～1 500倍液。果实采收后,用52～54℃热水浸泡8～10分钟,后用25%施保克乳油1 000～

1 500倍液,或45％施保克浓乳剂1 000～2 000倍液,或50％扑海因悬浮剂1 000～1 500倍液,浸果2分钟保鲜防腐。把果实分级,用纸单果包装。

七、芒果横线尾夜蛾

芒果横线尾夜蛾又名芒果钻心虫、芒果蛀梢虫,是芒果的重要鳞翅目害虫。以幼虫蛀食芒果的嫩梢、花蕾和果实。影响产量。

为害诊断 成虫体背茶褐色,腹面灰白色,头部棕褐色,前额有白色鳞毛,下唇须黑色,前伸,末端灰白色;胸部背面黑色,胸腹交界处有白色的"八"字形条纹,腹背各节两侧各有一个白色小斑点。前翅灰褐色或茶褐色,各横线黑褐色,翅上。肾形纹浅褐色,周围镶黑边,后翅灰褐色。老熟幼虫头部棕褐色或黑褐色,前胸背板棕褐色,胸腹部青色带紫红色,各体节有浅绿色斑块。蛹粗短,黄褐色,腹末钝圆光滑,无臀棘。

防治方法 结合清园,清除果园中枯枝残叶,刮除粗皮,给树干涂刷石灰水,减少适合害虫化蛹的场所。在树干基部绑扎稻草,诱集老熟幼虫在其中化蛹,然后灭杀虫蛹。在低龄幼虫期,可选用50％辛硫磷乳油1 000倍液,或40％毒死蜱乳油1 000～1 500倍液,或10％氯氰菊酯乳油2 000倍液,或2.5％溴氰菊酯乳油2 000～4 000倍液等。

八、芒果扁喙叶蝉

以成虫和若虫吸食嫩梢、嫩叶、花穗、幼果的汁液,导致叶片萎缩、畸形、落花、落果并诱发煤烟病。是芒果产区普遍发生的主要害虫之一。

为害诊断 成虫体形似蝉,长盾形,粗短;头短而宽,端节膨大扁平,小盾片三角形,端部乳白色,两侧通常各有1个小黑点。前翅绿褐色,革质,具斑纹,近基部有1条乳白色的横带与小盾片端部的乳白色斑相连。初孵幼虫黄色,老熟若虫黄绿色似成虫,具翅芽。

防治方法 果园内注意品种合理布局,避免品种混杂种植。加强肥水管理,使园内抽穗、抽梢一致,以便于集中防治。在盛蕾期、幼果期及秋梢期若虫盛发期施药。可选用25%扑虱灵可湿性粉剂1 000~1 500倍液,或40%毒死蜱乳油1 000~1 500倍液,或20%好年冬乳油1 000~1 500倍液,或3%啶虫脒乳油1 000~1 500倍液,或10%吡虫啉可湿性粉剂1 000倍液等。

九、芒果叶瘿蚊

芒果叶瘿蚊在各芒果产区均有分布,属常发性重要害虫。为害梢期叶片,每叶可有几个或十几个虫瘿,严重时可引起叶片大量穿孔,卷曲脱落,影响光合作用,影响树势和产量。

为害诊断 雌成虫虫体比雄虫略大,草黄色,中胸的背板中线颜色淡,两侧色暗,足黄色,翅透明,雄成虫前、中、后足的爪均有齿,后足爪细长。幼虫黄色,蛆形。蛹黄色,前端略大,外面有一层黄褐色的薄膜,短椭圆形,前胸处有1对黑褐色长毛。

防治方法 加强肥水管理,促使抽梢整齐,有利于梢期统一喷药治虫。嫩叶展开前后喷药保护,抑制产卵,或杀死刚孵化出来的幼虫。药剂可选用40%毒死蜱乳油1 000~1 500倍液,或20%杀灭菊酯乳油或10%氯氰菊酯乳油或25%溴氰菊酯乳油2 000~3 000倍液喷雾。每年2~3月春雨到来之前,加细沙或泥粉20千克拌匀,在树冠滴水线附近的土表均匀撒施,然后覆盖2厘米厚泥土,可以杀死入土的幼虫和春季将羽化出土的成虫,此时活动场所有限,虫口密度低且抗性弱,应集中力量防治。

十、芒果剪叶象

芒果剪叶象又名芒果切叶象,是芒果的主要食叶害虫之一。主要为害嫩梢,可造成秃梢,影响树势。

为害诊断 成虫体较小,略呈弧形拱起,全身布有刻点,红黄色,有白色绒毛;鞘翅中部黄白色,周缘黑色,肩部及端部的黑带稍宽,每一鞘翅上有 10 列刻点状纵纹,刻点间着生白毛;翅肩下伸,肩角呈钝圆状;足的腿节黄色,胫节及跗节黑色。幼虫无足,初孵时乳白色,后变为淡黄色,老熟幼虫深灰色。卵表面光滑,初产时乳白色,后渐变为淡黄色。

防治方法　捡拾落地叶片并销毁。结合中耕除草、施肥,松翻园土,杀死在土壤中部分虫蛹;灌水浸泡,杀死土中幼虫和蛹。在嫩叶 5 天叶龄时开始用药防治,7～10 天喷 1 次,连喷 2～3 次。选用 10％氯氰菊酯乳油或 2.5％溴氰菊酯乳油 2 000～3 000 倍液等,喷洒树冠嫩梢,每隔 7 天左右喷 1 次,连喷 2 次。

十一、脊胸天牛

脊胸天牛又名芒果天牛,幼虫蛀食枝条、树干,使枝条干枯,重则整株死亡,是芒果的主要害虫之一。

为害诊断　成虫栗色至栗黑色,体狭长,两侧平行,头顶后具有许多小粒点;触角与复眼间有纵脊纹;前胸背板中间有 19 条隆起的纵脊,脊沟丛生黄色绒毛;鞘翅后缘斜切,内缘角呈刺状突出,翅面粗糙,有灰白色短毛和金黄色毛组成的长条斑纹,排列成断续的 5 条纵行。卵长圆筒形,初乳白色,后为黄褐色,表面粗糙无光泽。幼虫长圆筒形,淡黄白色,头顶有横凹陷,前胸背板平滑,前缘有断续的褐色条纹,腹部各节背面有横沟 2 条,腹面有横沟 1 条。蛹扁纺锤形,初为黄白色,后淡黄褐色,将羽化时复眼黑色,腹部背面及侧面被有大量弯曲的刺。

防治方法　剪除并销毁被害枝条。用棉球蘸 80％敌敌畏乳油 10 倍液塞入蛀孔,再用泥浆封堵孔口。诱捕成虫并杀死。

十二、红带蓟马

可为害芒果、荔枝等多种作物。成虫、若虫锉吸芒果树小苗嫩叶汁液,使之呈现无数污黑斑点、叶尖变黑、叶缘卷曲,最后叶片全部落光,整株枯死;此虫排出红色液状排泄物于叶片上,干燥后呈现锈褐色或黑色亮斑,影响光合作用。

为害诊断 成虫长形,暗棕黑褐色、有光泽,虫体较小,触角8节,翅暗灰色,翅缘缨毛浓密呈灰黑色。卵肾形,黄白色。若虫淡黄色、半透明,腹部基部为带状亮红色,腹末端黑色,有6条黑色刺毛,活动或为害时腹部末端常上举。

防治方法 加强果园管理,促使新梢抽发整齐,控制冬梢抽生。在低龄若虫盛发期喷药防治,可选用40%毒死蜱乳油或20%好年冬乳油1 000~1 500倍液喷雾。

十三、红蜡蚧

红蜡蚧,又名胭脂虫。食性杂,可为害许多种作物。成虫和若虫密集寄生在植物枝梢和叶片上,吮吸汁液为害,其分泌物会诱发煤烟病。

为害诊断 雌成虫椭圆形,体上有暗红色至紫红色厚蜡壳,背面中央隆起呈半球形,蜡壳顶端凹陷呈脐状,有4条白色蜡带从腹面卷向背面。雄成虫蜡壳长椭圆形,暗紫红色,口器及单眼黑色,触角淡黄色,足及交尾器淡黄色,前翅白色半透明。卵椭圆形,两端稍长,淡紫红色。初孵若虫扁平,椭圆形,腹部末端有2根长毛,二龄后体被白色蜡质,逐渐加厚。蛹为雄虫所独有,紫红色,近纺锤形。

防治方法 结合冬季清园,将虫口较多的枝条疏剪销毁。在低龄若虫期用40%毒死蜱乳油1 000倍液,或40%杀扑磷乳油1 200倍液喷雾,10~15天再喷1次。施药时注意保护和利用红蜡蚧扁角跳小蜂、蜡蚧扁角跳小蜂等红蜡蚧的寄生性天敌昆虫。

第十七章　山楂病虫害及其防治

目前发现的山楂病害有 20 多种,其中发生普遍、为害较重的有山楂白粉病、山楂锈病、山楂花腐病、山楂枯梢病等;山楂虫害常见的有 30 多种,为害较重的有梨小食心虫、桃小食心虫、白小食心虫、山楂红蜘蛛等。

一、山楂白粉病

山楂白粉病是山楂树重要病害之一,在我国山楂产区都有发生,主要分布于吉林、辽宁、山东、河北、河南、山西、北京等省、市的山楂产区,对山楂树幼苗为害严重,大树也常发病。

为害诊断　山楂白粉病主要为害新梢、幼果和叶片。由发病嫩芽抽发新梢时,病斑迅速扩延到幼叶上,出现褪绿黄色斑块,很快在正反两面产生绒絮状白色粉层,病梢生长瘦弱,节间缩短,叶片窄小扭曲纵卷,严重时枝梢枯死。幼果在落花后发病,先在近果柄处出现病斑并布满白色粉层,果实向一侧弯曲,病斑蔓延至果面易早期脱落;稍大果实受害时,病斑硬化、龟裂、畸形,着色不良。后期在白粉层中形成黑色小颗粒状物。

防治方法　冬春季刨树盘,翻耕树行,铲除自生根蘖、野生山楂树,清除树上、树下的残叶、病枝、落叶、落果,集中烧毁或深埋。控制好肥水,不偏施氮肥,不使园地土壤过分干旱,合理疏花、疏叶。发芽前喷 3～5 波美度石硫合剂或 45％晶体石硫合剂 30 倍液。

果树的花蕾期及 6 月上旬的关键期喷药,花后和幼果期各喷 1 次,可以用 25％粉锈通(三唑酮)可湿性粉剂 1 000～1 500 倍液,或

20％三唑酮乳油 1 000～1 500 倍液，或 70％甲基硫菌灵可湿性粉剂 1 000 倍液，或 40％多菌灵悬浮剂 800～1 000 倍液，或 12.5％烯唑醇可湿性粉剂 2 000 倍液，或 80％施普乐（代森锌）可湿性粉剂 500 倍液，或 75％百菌清可湿性粉剂 600～700 倍液，或 4％农抗 120 水剂 200 倍液，或 40％氟硅唑乳油 3 000 倍液等。

二、山楂锈病

山楂锈病是山楂重要病害之一，在我国山楂产区均有发生。

为害诊断　山楂锈病主要为害叶片、叶柄、新梢、果实及果柄。叶片正面病斑初为橘黄色小圆斑，后病斑扩大，稍凹陷，表面产生黑色小粒点，即病菌性孢子器，并分泌蜜露，后期叶背病斑凸起，产生灰色至灰褐色毛状物，即锈孢子器；破裂后散出褐色锈孢子。最后病斑变黑，严重的干枯脱落。叶柄染病病部膨大，呈橙黄色，产生毛状物，后变黑干枯，叶片早落。

防治方法　冬孢子角胶化前及胶化后喷 2～3 次 25％粉锈通（三唑酮）可湿性粉剂 1 000～1 500 倍液，或 20％三唑酮乳油 1 500～2 000倍液，或 33.5％必绿二号（八羟基喹啉铜）悬浮剂 1.500～2 000倍液，或 50％金乙生（乙膦铝＋大生）可湿性粉剂 800～1 000倍液，或 15％三唑酮可湿性粉剂 1 000 倍液，或 25％丙环唑乳油 5 000～6 000 倍液，或 12.5％烯唑醇可湿性粉剂 2 000 倍液，或 30％氟菌唑可湿性粉剂 2 000 倍液，或 12.5％腈菌唑乳油 2 000～3 000 倍液，或 80％好意（代森锰锌）800～1 000 倍液，或 15％三唑酮可湿性粉剂 2 000 倍液＋25％丙环唑乳油 6 000 倍液，或 15％三唑酮可湿性粉剂 2 000 倍液＋70％代森锰锌可湿性粉剂 1 000 倍液，隔 15 天左右喷 1 次，连续防治 1～3 次。

三、山楂花腐病

山楂花腐病是山楂的重要病害之一。分布于辽宁、吉林、河北、河南等山楂产区，是一种新流行的病害。

为害诊断 山楂花腐病主要为害花、叶片、新梢和幼果。嫩叶初现褐色斑点或短线条状小斑,后扩展成红褐至棕褐色大斑,潮湿时斑上产生灰白色霉状物,病叶即焦枯脱落。新梢上的病斑由褐色变为红褐色,环绕枝条一圈后,导致枝梢枯死。幼果上初现褐色小斑点,后色变暗褐腐烂,表面有黏液,酒糟味,病果脱落。花期病菌从柱头侵入,使花腐烂。

防治方法

地面撒药:4月底以前在树冠下的树盘地面上,喷五氯酚钠1 003倍液,也可撒3:7的硫磺石灰粉3~3.5千克/667平方米。

树上防治:发病初期喷25%粉锈通(三唑酮)可湿性粉剂1 000~1 500倍液,或20%三唑酮乳油1 000~1 500倍液,或33.5%必绿二号(八羟基喹啉铜)悬浮剂1 500~2 000倍液,或70%甲基硫菌灵可湿性粉剂1 000倍液,可控制叶腐。

盛花期防治:喷25%粉锈通可湿性粉剂1 000~1 500倍液,或20%三唑酮乳油1 000~1 500倍液,或33.5%必绿二号悬浮剂1 500~2 000倍液,或75%百菌清可湿性粉剂1 000倍液,或70%甲基硫菌灵可湿性粉剂800~1 000倍液,或70%代森锰锌可湿性粉剂800倍液,能有效控制果腐。在喷多菌灵时混加40~50毫克/千克的赤霉素,还能提高坐果率,增加果实数量。

四、山楂枯梢病

枯梢病是严重影响山楂生产的重要病害之一,在山东、山西、辽宁、河北等省均有发生。

为害诊断 枯梢病主要为害果桩,染病初期,果桩由上而下变黑、干枯、缢缩,与健部形成明显界限,后期病部表皮下出现黑色粒状突起物;后突破表皮外露,使表皮纵向开裂。翌年春季病斑向下延伸,当环绕基部时,新梢即枯死。其上叶片初期萎蔫,后干枯死亡,并残留树上不易脱落。

防治方法 合理修剪;采收后及时深翻土地,同时沟施基肥。

早春发芽前半月,每株追施碳酸氢铵 1～1.5 千克或尿素 0.25 千克,施后浇水。

铲除越冬菌源,发芽前喷 3～5 波美度石硫合剂,或 40％退菌特可湿性粉剂 800 倍液,或 45％晶体石硫合剂 30 倍液。5～6 月间,进入雨季后喷 33.5％必绿二号(八羟基喹啉铜)悬浮剂 1 500～2 000 倍液,或 40％甲基硫菌灵悬浮剂 600～700 倍液,或 50％金乙生(乙膦铝＋大生)可湿性粉剂 800～1 000 倍液,或 70％甲基硫菌灵可湿性粉剂 800～1 000 倍液,或 50％多菌灵可湿性粉剂 800 倍液,或 50％苯菌灵可湿性粉剂 1 500 倍液,隔 15 天 1 次,连续防治 2～3 次。

五、山楂红蜘蛛

山楂红蜘蛛属蜱螨目叶螨科。分布于东北、西北、内蒙古、华北及江苏北部等地区,为害山楂、苹果等果树。

为害诊断　山楂红蜘蛛以成虫、幼虫、若虫吸食芽、花蕾及叶片汁液,花、花蕾严重受害后变黑,芽不能萌发而死亡,花不能开花而干枯。叶片受害,红蜘蛛在叶背主脉两侧吐丝结网,在网下栖息、产卵和为害,使叶片出现很多失绿的小斑点,随后斑点扩大连片,变成苍白色,严重时叶片焦黄脱落。

防治方法　果树发芽前的防治:在虫口密度很大的果园,在早春及时刮树皮,或用粗布、毛刷刷去越冬成虫(或卵)。果树发芽前喷布油乳剂,可用 3～5 波美度石硫合剂,对越冬雌成虫和越冬卵进行防治,效果较好。

生长期药剂防治:花后展叶期,第一代成虫产卵盛期喷施 1.8％虫螨杀星(阿维菌素)乳油 2 000～2 500 倍液,或 20％哒螨灵可湿性粉剂 2 000～3 000 倍液,或 5％噻螨酮乳油 1 500～2 500 倍液,或 20％三唑锡可湿性粉剂 2 000～3 000 倍液。视情况施药 1～2 次即可控制为害。

在红蜘蛛发生盛期,可喷施 1.8％虫螨杀星乳油 2 000～2 500

倍液,或73%炔螨特乳油2 000倍液,或20%三氯杀螨砜可湿性粉剂1 000～1 500倍液,或2.5%溴氰菊酯2 000～2 500倍液,或20%甲氰菊酯1 000～1 500倍液,或5%噻螨酮乳油1 000～1 500倍液,或10%浏阳霉素乳油1 000～1 500倍液。

六、白小食心虫

白小食心虫属鳞翅目小卷叶蛾科。分布于吉林、辽宁、河北、河南、山东、山西、陕西、四川、江苏、江西、浙江等省,严重地区为害山楂果实可达20%～30%。

为害诊断　白小食心虫为害芽和叶片,芽被蛀食常在芽外留有虫粪,叶被害,幼虫吐丝将叶缀合或卷叶为害。蛀果为害时,多从萼洼处蛀入,萼洼处常堆积虫粪并吐丝将虫粪缀连成堆而不落,此特点易于识别,幼虫在果内蛀食不深,蛀食皮下果肉。

防治方法　成虫发生期和产卵期可喷施1.8%虫螨杀星(阿维菌素)乳油2 000～2 500倍液,或40%毒丝本乳油1 000～1500倍液,或4.5%比杀力(高效氯氰菊酯)乳油1 000～1 500倍液,或50%杀螟硫磷乳油1 000～15 000倍液,或50%马拉硫磷乳油1 000倍液,或20%甲氰菊酯乳油1 000～2 000倍液,或2.5%氯氟氰菊酯乳油1 500倍液。若第二代卵量较大,则在发现有蛀果时立即喷药。半月后如果卵量仍然较大,可再喷1次。

第十八章　柿病虫害及其防治

据记载,柿树已知病害有 20 多种,害虫有 170 种,其中柿树主要的病害有炭疽病、角斑病和圆斑病,为害严重的害虫有柿蒂虫、柿长绵粉蚧、草履蚧、柿星尺蠖等。由于柿树树体高大,给病虫害防治带来了诸多不便,在制定防治方法时能够地面防治的,尽量把害虫控制在上树以前。

一、柿树炭疽病

柿树炭疽病在我国发生很普遍。华北、西北、华中、华东各地区都有发生。此病主要为害果实、枝梢和苗木枝干,树叶发病较少。

为害诊断　果实发病初期,在果面上先出现针头大小、深褐色或黑色小斑点,后病斑扩大呈近圆形、凹陷病斑,直径达 5 毫米以上。病斑中部密生轮纹状排列的灰色至黑色小粒点(分生孢子盘)。空气潮湿时病部涌出粉红色黏稠物(分生孢子团)。1 个病果上一般有 1 至多个病斑,多则达 10 余个。受害果变红、变软,提早脱落。新梢发病初期,产生黑色小圆斑,后扩大呈椭圆形的黑褐色斑块,中部凹陷纵裂,并产生黑色小粒点,病斑长 10~20 毫米,宽 7~12 毫米,新梢易从病部折断,严重时病斑以上部位枯死。病树轻则树上枯枝累累,重则整株枯死。叶片受害时,先在叶尖或叶缘开始出现黄褐斑,逐渐向叶柄扩展。病叶常从叶尖焦枯,叶片易脱落。

防治方法　引种苗木时,应除去病苗或剪去病部,并用 1∶4∶80 波尔多液或 20% 石灰液浸苗 10 分钟,然后再定植。

在发芽前,喷 1 次 0.5~1 波美度石硫合剂,再用 5 千克生石灰及 1 千克硫磺粉加 15 千克清水调匀涂白树干至分枝处,以减少初次侵染源。

在春梢、夏梢、秋梢抽出刚展叶时喷施 33.5％必绿二号(八羟基喹啉铜)悬浮剂 1 500~2 000 倍液,或 50％金乙生(乙膦铝＋大生)可湿性粉剂 800~1 000 倍液,或 70％甲基硫菌灵可湿性粉剂 800~1 000 倍液等保护嫩梢。开花前及时喷施 33.5％必绿二号悬浮剂 1 500~2 000 倍液,或 50％金乙生可湿性粉剂 800~1 000 倍液,以保护花蕾。

在幼果期从落花期开始用药,一般间隔 15~20 天喷药 1 次,连喷 2~3 次杀菌剂保护幼果。常用药剂为 33.5％必绿二号悬浮剂 1 500~2 000 倍液,或 50％金乙生可湿性粉剂 800~1 000 倍液,或 70％甲基硫菌灵可湿性粉剂 800~1 000 倍液,或 2％嘧啶核苷类抗生素 200~300 倍液,或 25％粉锈通(三唑酮)可湿性粉剂 1 500~2 000 倍液,或 1.5％多氧霉素可湿性粉剂 600~800 倍液,或 40％氟硅唑乳油 2 500~3 000 倍液,或 50％甲基硫菌灵可湿性粉剂 800 倍液。

发病严重的地区,可在发芽前加喷 5 波美度石硫合剂。注意在第二次生理落果前不宜使用无机铜杀菌剂。

二、柿角斑病

柿角斑病在我国发生很普遍,华北、西北、华中、华东各地区以及云南、四川、台湾等省都有发生。

为害诊断 柿角斑病主要为害柿和君迁子的叶片及果蒂,造成早期落叶,枝条衰弱不成熟,果实提前变软脱落,严重影响树势和产量,并诱发柿疯病。叶片受害初期正面出现不规则形黄绿色病斑,边缘较模糊,斑内叶脉变为黑色。以后病斑逐渐加深成浅黑色,10 多天后病斑中部褪成浅褐色。病斑扩展由于受叶脉限制,最后呈多角形,其上密生黑色绒状小粒点,有明显的黑色边缘。病斑大小 2～8 毫米,病斑自出现到定型约需 1 个月。柿蒂发病时,病斑发生在蒂的四角,呈淡褐色,形状不定,由蒂的尖端逐渐向内扩展。蒂两面均可产生绒状黑色小粒点,落叶后柿子变软,相继脱落,而病蒂大多残留在枝上。因枝条发育不充实,冬季容易受冻枯死。

防治方法 果树清园,从落叶后到第二年发芽前,彻底摘除树上残存的柿蒂,剪去枯枝烧毁,以清除病源。在北方柿区,只要彻底摘除柿蒂,即可避免此病成灾。

喷药保护要抓住关键时间,一般在落花后 20～30 天。可用 33.5％必绿二号(八羟基喹啉铜)悬浮剂 1 500～2 000 倍液,或 50％金乙生(乙膦铝＋大生)可湿性粉剂 800～1 000 倍液,或 65％代森锌可湿性粉剂 500～600 倍液,或 64％杀毒矾可湿性粉剂 500 倍液,或 50％异菌脲可湿性粉剂 1 000 倍液,或 70％甲基硫菌灵可湿性粉剂 600 倍液,或 40％多菌灵悬浮剂 400 倍液,或 45％噻菌灵悬浮剂 1 000 倍液,或 50％多菌灵 500 倍液,隔 10 天左右喷 1 次,连续喷施 2 次为佳。

南方柿区,因温度高,雨水较多,喷药时间应稍提前,可参考当地物候期,提早 10 天左右,可喷药 2～3 次,药剂、剂量与北方相同。

三、柿圆斑病

柿圆斑病俗称柿子烘,是柿树重要病害之一。该病分布于河北、河南、山东、山西、陕西、四川、江苏、浙江、北京等省、市。发病后可造成早期落叶,柿果提早变红、变软、脱落,对树势和产量均有较大影响。

为害诊断 柿圆斑病主要为害叶片,也能为害柿蒂。叶片染病,初生圆形小斑点,叶面浅褐色,边缘不明显,后病斑转为深褐色,中部稍浅,外围边缘黑色。病叶在变红的过程中,病斑周围现出黄绿色晕环,后期病斑上长出黑色小粒点,严重者仅 7～8 天病叶即变红脱落,留下柿果。后柿果亦逐渐转红、变软,大量脱落。柿蒂染病,病斑圆形褐色,病斑小。

防治方法 及时喷药预防，一般掌握在柿树落花后，子囊孢子大量飞散前喷施 33.5% 必绿二号（八羟基喹啉铜）悬浮剂 1 500～2 000 倍液，或 50% 金乙生（乙膦铝＋大生）可湿性粉剂 800～1 000 倍液，或 80% 施普乐（代森锌）可湿性粉剂 800～1 000 倍液，或 70% 代森锰锌可湿性粉剂 500～600 倍液，或 64% 恶霜锰锌可湿性粉剂 800～1 000 倍液，或 40% 甲基硫菌灵悬浮剂 600～800 倍液，或 80% 好意（代森锰锌）可湿性粉剂 800～1 000 倍液，或 65% 代森锌可湿性粉剂 500 倍液，或 50% 多菌灵可湿性粉剂 600～800 倍液，或 75% 百菌清可湿性粉剂 800～1 000 倍液，或 50% 异菌脲可湿性粉剂 800 倍液，或 50% 敌菌灵可湿性粉剂 500 倍液，可大大减轻病情。一般地区，集中喷药 1 次即可，但在重病区第一次用药后半个月再喷 1 次，则效果更好。

四、柿长绵粉蚧

柿长绵粉蚧属同翅目粉蚧科，又名柿绵粉蚧、柿粉蚧，俗称柿虱子，是河南柿区的主要害虫之一。分布于河南、河北、山东、江苏等地。

为害诊断 若虫和成虫聚集在柿树嫩枝、幼叶和果实上吸食汁液为害。枝、叶被害后，失绿而枯焦变褐；果实受害部位初呈黄色，逐渐凹陷变成黑色，受害重的果实，最后变烂脱落。受害树轻则造成树体衰弱，落叶落果；重则引起枝梢枯死，甚至整株死亡，严重影响柿树产量和果实品质。

防治方法 柿长绵粉蚧的最佳防治时期是卵孵化盛期，并且要狠抓越冬若虫的防治。若虫越冬量大时，可于初冬或柿树发芽前喷 1 次 5 波美度石硫合剂，或 95% 机油乳剂，或 8～10 倍液的松脂合剂，消灭越冬若虫，效果好，药害也轻；在卵孵化盛期和 1 龄若虫发生期，连续喷 2 次 40% 毒丝本乳油 1 000～1 500 倍液，或 4.5% 比杀力（高效氯氰菊酯）乳油 1 000～1 500 倍液，或 40% 杀扑磷乳油 2 000～2 500 倍液，防治效果也比较好。

五、柿蒂虫

柿蒂虫属鳞翅目举肢蛾科,又叫柿举肢蛾、柿实蛾、钻心虫、柿烘虫等。分布于河北、山西、山东、河南、陕西、安徽、江苏等省柿产区。

为害诊断 柿蒂虫是以幼虫为害柿果的害虫。幼虫在果实近柿蒂处为害,造成柿果早期发红、变软脱落,致使小果干枯,大果不能食用,造成严重减产。由此而称被害果为"柿烘"、"旦柿"、"黄脸柿"。该虫为害严重时造成大幅度减产。

防治方法 冬、春季柿树发芽前,刮去枝干上老粗皮,集中烧毁,可以消灭越冬幼虫,并结合涂白或刷胶泥,以防止残存幼虫化蛹和羽化成虫。如果刮得仔细、彻底,效果显著。中部地区在6月中、下旬及8月中、下旬,每隔1周左右摘除虫果1次,连续3次,可收到良好的防治效果。

药剂防治 2代成虫盛期或卵孵化期,树上喷药1~2次,药剂可选用40%毒丝本乳油1 000~1 500倍液,或灭幼脲3号2 500~3 000倍液,或50%杀螟松乳油1 000~1 500倍液,或50%辛硫磷乳油1 000~1 500倍液,或40%甲萘威胶悬剂800~1 000倍液,或2.5%溴氰菊酯4 000~5 000倍液,或50%马拉硫磷乳油1 000~1 500倍液,或10%联苯菊酯乳油6 000~8 000倍液。注意将药液喷到果柄、果蒂上,才能收到好的防治效果。

六、草履蚧

草履蚧又名草履硕蚧。在河南、河北、山东、山西、陕西、江苏、江西、福建等地均有分布。此虫寄主较杂,可以为害多种果树和林木。

为害诊断 履蚧若虫和雌成虫将刺吸式口器插入嫩芽和嫩枝吸食汁液,致使树势衰弱,发芽迟,叶片瘦黄,枝梢枯死。为害严重时造成早期落叶、落果,甚至整株死亡。

　　防治方法　若虫上树初期,在柿树发芽前喷3～5波美度石硫合剂,发芽后喷施40％毒丝本乳油1 000～1 500倍液,或4.5％比杀力(高效氯氰菊酯)乳油1 000～1 500倍液,或40％杀扑磷乳油2 000～2 500倍液,或40％甲萘威胶悬剂800倍液,或50％辛硫磷乳油1 000～1 500倍液。

第十九章　板栗病虫害及其防治

据记载,板栗已知病害有 20 多种,板栗害虫有 258 种,其中板栗干枯病是板栗的毁灭性病害,板栗白粉病的为害也较重,为害板栗最为严重的虫害是栗实象甲、栗大蚜等。由于各地环境、气候、管理措施的差异,重点防治的对象也不尽相同,在制定防治方法时,能够地面防治的尽量把害虫控制在上树以前。

一、板栗干枯病

板栗干枯病又名栗疫病、栗胴枯病,为世界性栗树病害,曾在欧美各国广为流行,几乎毁灭了所有的栗林。我国板栗被世界公认为是高度抗病的树种,但近年来板栗干枯病在四川、重庆、浙江、广东、河南等地均有发生,部分地区已造成严重为害。

为害诊断　发病初期病部表皮出现圆形或不规则的褐色病斑,病部皮层组织松软、稍隆起,有时流出黄褐色汁液,剥开病皮可见病部皮层组织溃烂,木质部变红褐色、水浸状,有浓酒糟味。以后病斑不断增大,可侵染树干一圈,并上下扩展。病斑干燥后树皮纵裂,春季在受害树上可见许多橙黄色疣状子座,直径 1~3 毫米,雨天潮湿时,从子座内排出黄色卷须状的分生孢子角。秋后,子座变为橘红色,内部形成子囊壳。病皮下和木质部之间,常生有白色羽毛状扇形菌丝层,后变为黄褐色。

防治方法　刮除主干和大枝上的病斑,深达木质部。涂 40%腐无敌原液,或 5%菌毒清 100~200 倍液,或 80%乙蒜素乳油200~400倍液,并涂波尔多液作为保护剂。

发芽前,喷 1 次 2~3 波美度的石硫合剂,在树干和主枝基部涂刷40％腐无敌,或40％腐轮特(福美胂)悬浮剂80～100倍液,或40％福美胂可湿性粉剂80～100倍液。4月中、下旬可用33.5％必绿二号(八羟基喹啉铜)悬浮剂1 500～2 000倍液,或40％福美胂可湿性粉剂100～200倍液喷树干。发芽后,再喷1次33.5％必绿二号悬浮剂1 500～2 000倍液,保护伤口不被侵染,减少发病几率。

二、板栗白粉病

板栗白粉病是为害板栗树的主要病害之一。该病分布于河北、河南、山东、江苏、浙江、安徽、广西、贵州等省区。

为害诊断 板栗白粉病主要为害栗幼树、叶片、新梢,受害叶片干枯或早期脱落。先于叶面产生不规则形的褪绿斑,后在褪绿斑上渐产生白色粉层,即病原菌的菌丝体、分生孢子梗和分生孢子。秋季在白色粉层上产生黑褐色颗粒状物,即病原菌的有性世代子囊壳。叶正面、背面均可产生白色粉层。嫩叶和嫩枝被害表面布满灰白色粉状霉层,严重时幼芽、嫩叶不能伸展而形成皱缩和卷曲,凹凸不平,叶片失绿早期落叶。进入秋季受害叶片的白粉层上出现许多黄色小颗粒,后变成黑色,即病菌的闭囊壳,内藏子囊和子囊孢子。

防治方法 药剂防治:在春季栗树展叶后,发病初期,于5月份以前每隔15天树冠喷施25％粉锈通(三唑酮)可湿性粉剂1 500～2 000倍液,或15％三唑酮可湿性粉剂1 000～1 500倍液,或30％氟菌唑可湿性粉剂1 500～2 000倍液,或25％醚菌酯悬浮液1 500～2 000倍液,或40％多菌灵悬浮剂500～600倍液,或10％苯醚甲环唑水分散粒剂1 500～2 000倍液,或80％施普乐(代森锰锌)可湿性粉剂800～1 000倍液,或75％圣克(百菌清)可湿性粉剂800～1 000倍液。

生长季节发现病株时及时喷施25％粉锈通可湿性粉剂1 500～2 000倍液,或15％三唑酮可湿性粉剂1 000～1 500倍液,或 33.5%必绿二号(八羟基喹啉铜)悬浮剂 1 500～2 000 倍液,或50%金乙生(乙膦铝＋大生)可湿性粉剂 800～1 000 倍液,或 25%醚菌酯悬浮液 1 500～2 000 倍液,或 40%多菌灵悬浮剂 500～600倍液,或 10%苯醚甲环唑水分散粒剂 1 500～2 000 倍液,或 80%施普乐可湿性粉剂 800～1 000 倍液,或 75%圣克可湿性粉剂 800～1 000倍液,或 70%代森锰锌可湿性粉剂 600 倍液,或 40%氟硅唑乳油 4 000 倍液,或 12.5%仙星可湿性粉剂 800～1 000 倍液,或70%甲基硫菌灵可湿性粉剂 1 000～1 200 倍液均可,开花后 10 天再喷药 1 次。

三、栗实象甲

栗实象甲属鞘翅目象甲科,可为害板栗、茅栗、榛子等,是栗园主要害虫。

为害诊断 成虫取食嫩枝和幼果,成虫在栗篷上咬一孔产卵其中,幼虫在果内为害,幼篷受害后易脱落,后期幼虫为害种仁,果内有虫粪,幼虫脱果后种皮上留有圆孔,被害果易霉烂。

防治方法 成虫发生期,树上喷施农药以杀死成虫。可喷40%毒丝本乳油 1 000～1 500 倍液,或 4.5%比杀力(高效氯氰菊酯)乳油 1 000～1.500 倍液,或 50%杀螟松乳油 800～1 500 倍液,或20%杀灭菊酯 4 000～5 000倍液,或 2.5%溴氰菊酯 4 000～5 000 倍液,每 10 天喷 1 次,共喷 3 次。

四、栗大蚜

栗大蚜属同翅目大蚜科,别名栗大黑蚜、栗枝大蚜、黑大蚜。

为害诊断 栗大蚜成虫、若虫群集枝梢上或叶背面和栗篷上吸食汁液,影响枝梢生长。有翅胎生雌蚜体长约 4 毫米,黑色,披细短毛,腹部色较浅。翅色暗,翅脉黑色,前翅中部斜向后角处具白斑 2 个,前缘近顶角处具白斑 1 个。无翅胎生雌蚜体长约 5 毫米,黑色被细毛,头胸部窄小略扁平,占体长 1/3,腹部球形肥大,足细长。卵长椭圆形,初暗褐色,后变黑色具光泽。若虫多为黄褐色,与无翅胎生雌蚜相似,但体较小,色淡,后渐变深褐色至黑色,体平直近长椭圆形。有翅若蚜胸部发达,具翅芽。

防治方法 早春发芽前喷5%柴油乳剂或黏土柴油乳剂杀卵。越冬卵孵化后及为害期,及时喷施70%必喜三号(吡虫啉)水分散粒剂10 000～15 000倍液,或40%毒丝本乳油1 000～1 500倍液,或4.5%比杀力(高效氯氰菊酯)乳油1 000～1 500倍液,或50%抗蚜威超微可湿性粉剂1 500～2 000倍液,或50%辛硫磷乳油2 000～3 000倍液,或2.5%三氟氯氰菊酯乳油2 000～3 000倍液。提倡喷施2.5%鱼藤精300～500倍液或1.8%虫螨杀星(阿维菌素)乳油3 000～4 000倍液。

第二十章　果树病虫害田间调查

本章重点介绍开展果树病虫害田间调查目的、调查方法及资料统计。通过本章的学习,可以掌握评定果园病虫害发生程度及防治效果的方法。

一、田间调查目的

为预测病虫害未来发生期、发生量、为害程度以及扩散蔓延分布趋势,指导当地当时防治,或了解防治病虫害的某单一措施或综合措施的防治效果等情况,需要进行田间的调查研究工作。

二、田间调查方法

由于病虫害在田间或作物植株上的分布都会表现各自的规律,因此调查时必须根据它们的分布特点,选择有代表性的各种类型田(园),采用相应的取样方法,选取一定形状与数量的样点,使调查结果能反映病虫害在田间(或果园)发生为害的实际情况,以便有效地对病虫害采取一定的防治措施。

(一)果树害虫田间调查的特点

果树害虫的调查取样,大体上和农作物害虫取样方法一样,但也有不同之点。果树是多年生植物,它的立地条件与农作物显然不同。从果树立地条件来看,大体上分为三大类型:一是山地果树区,地形复杂,条件差,定植不规格;二是丘陵果树区,地形不平坦,有的用水平梯田栽植法,也有零星栽培的;三是平原(或平地)果树区,地势比较平坦,定植比较规范,种植密度一般较密。所以,田间

174

调查要因地制宜,使调查样点和田间害虫分布情况,基本符合发生特点,才能比较正确地反映客观情况。

(二)果树害虫田间调查的方法

1.取样方法

(1)五点取样法:此法适合平原果树区或半丘陵较平坦的果树区。可选择1~2块有代表性的果园进行调查。首先确定取样点5个,即中间1个,四角各选1个,共5个。每个样点确定2~3株为调查株,株与株之间不要离得太近,一般以隔株确定调查株为宜。调查树的取样,因虫而异。可根据害虫为害习性、分布情况、为害部位来确定详细的调查方案。

(2)分层取样法:此法适于山区,如深山沟或山坡梯田上的果树区,也可用于坡地果园。一般将所调查的山坡(山沟),按自然情况,等距离分成3段,即坡顶、坡中、坡脚(或沟里、沟中、沟口)。段内取调查点后,再确定调查树。在一般山坡地栽培的果树,大部分株、行距不够规律,可采用随机取样法确定调查点或调查树,力求有代表性。对调查树的取样,同五点取样法一样,因虫而异。

(3)随机取样法:此法适于平原区、山区以及栽培在很不规律立地条件下的果树。随机取样是按害虫分布情况,任意选取调查点或选取调查树。取样调查要有代表性。取样时可在调查区域内,随走随取调查树进行调查,各个调查点(树)之间要有一定的距离。调查时,要用目测的方法先确定调查树,再去调查。可按"算盘"形、"Z"形和"W"形等方式进行。

(4)对角线取样法:在大面积调查时,虽然可以用对角线取样法确定调查地点或调查树。但这里介绍的方法是调查地下越冬害虫虫口密度。在树冠投影的圆圈内划分6~9个等距离的直径线,将树冠下土壤分成12~18等份,对称地选取4~6个调查点,将定点的土用筛土的办法检查某种害虫的密度。测量每个调查点的面积(平方米或平方厘米),计算虫口密度。

2.确定取样单位和取样数

(1)确定取样单位:取样单位随着害虫的种类、不同虫期活动栖息的方式,以及果树生长情况不同而灵活确定。

①面积:调查地下害虫或土壤中的虫态,苗圃或密植果园(前期)中的害虫,确定每平方米的虫数和虫害损失率等。

②长度:适用于苗圃,调查长 1 米行内虫数或苗木受害株数等。

③植株或植株的一部分:取样调查果树害虫时,绝大多数以果树的某一部分、某一组织(或器官)为取样单位,如叶片、嫩芽(芽)、花(花蕾)、枝条、树干、果实等,根据害虫的生活习性而定。

(2)确定取样数:取样数的多少,取决于害虫分布的均匀程度和虫口密度的大小。一般虫口密度大时取样数点可适当少些,每个样点可以大点。相反,则适当增加样点数,每个样点可小些。时间和人力许可时,要尽可能地增加样点数。在检查害虫发育进度时,检查所得的活虫数不能过少,一般为 30～50 头,否则虫数太少,所得的百分比误差会增大。

三、田间调查的资料统计

调查试验所得的数据资料都要经过一番整理加工,从中去粗取精,去伪存真,由表及里的分析和推断,才能透过现象,找出昆虫的客观规律,应用到害虫(或益虫)的预测预报和防治中去。

(一)平均数的计算($\bar{x}$)

平均数是数据资料中的集中性代表值。常用的是算术平均数。

1.直接计算法   将一组数据的各数值逐个相加,再除以调查总次数。

$$\bar{x} = \frac{x_1 + x_2 + \cdots + x_n}{n} = \frac{\sum\limits_{i=1}^{n} x_i}{n}$$

式中:$\overline{x}$—— 算术平均数;

n—— 调查总次数;

$\sum$—— 累加总和。

2.加权法计算 当调查或试验得到的每个数值都含有不同程度的比重(统计上称这个比重为"权")时,则在计算平均数时要将各 x 值的比重(记做 f)考虑在内。

$$\overline{x} = \frac{f_1 x_1 + f_2 x_2 + \cdots + f_n x_n}{f_1 + f_2 + \cdots + f_n} = \frac{\sum\limits_{i=1}^{n} f_i x_i}{\sum\limits_{i=1}^{n} f_i}$$

加权法常用于求一个复杂区域内的平均虫口密度、被害率、发育进度和防治效果等。

例:虫口密度的加权平均数计算:假如某 3 个果园调查柑橘木虱越冬前虫口密度,甜橙园每株有虫 30 头,温州蜜柑园 10 头,蕉柑园 45 头,求该 3 个橘园每株果树平均虫量,如果用直接法计算虫量,为:

$$\overline{x} = \frac{30 + 10 + 45}{3} = 28.33(头/株)$$

但实际上,这 3 个柑橘园柑橘株数不同,甜橙 600 株,温州蜜柑 1 000 株,蕉柑 100 株,应当将其作为比重考虑在内,用加权法计算 3 个柑橘园平均每株虫量,则为:

$$\overline{x} = \frac{600 \times 30 + 1\ 000 \times 10 + 100 \times 45}{600 + 1\ 000 + 100} = \frac{32\ 500}{1\ 700} = 19.11(头/株)$$

两种方法计算结果相差 48.25%。

将调查数据计算出各平均数后,再将其应用到以下的(二)各计算公式中去。

(二) 病虫害有关的调查计算公式

1.害虫调查计算公式

(1)孵化率 $= \dfrac{幼虫数}{总活虫数(卵粒数+幼虫数)} \times 100\%$;

(2)化蛹率 $=\dfrac{活蛹数＋蛹壳数}{总活虫数（幼虫数＋蛹数＋蛹壳数）}\times100\%$；

(3)羽化率 $=\dfrac{蛹壳数}{总活虫数（幼虫数＋蛹数＋蛹壳数）}\times100\%$；

(4)被害率 $=\dfrac{被害株（果实、枝条、叶）数}{调查总株（果实、枝条、叶）数}\times100\%$；

(5)卵果率 $=\dfrac{卵果数}{调查总果数}\times100\%$；

(6)虫株率 $=\dfrac{虫株（芽）数}{调查总株（芽）数}\times100\%$；

(7)梢卷叶率 $=\dfrac{卷叶梢数}{调查总梢数}\times100\%$；

(8)死苗率 $=\dfrac{死苗数}{调查总苗数}\times100\%$；

(9)寄生率 $=\dfrac{寄生（幼虫、蛹、卵）数}{调查总虫（幼虫、蛹、卵）数}\times100\%$；

(10)每平方米虫数 $=\dfrac{总虫数}{调查平方米数}\times100\%$；

(11)每株虫数 $=\dfrac{调查总虫数}{调查总株（叶、梢、芽）数}\times100\%$。

2.病害调查计算公式

(1)死苗率 $=\dfrac{死苗数}{调查总苗数}\times100\%$；

(2)被害率 $=\dfrac{被害株（果、叶、枝条）数}{调查总株（果、叶、枝条）数}\times100\%$；

(3)病情指数 $=\dfrac{各级病叶（果）数\times相对级数值}{调查总叶（果数）\times最高一级数值}\times100\%$。

参考文献

[1]曹克强编著.果树病虫害防治.金盾出版社,2009

[2]刘奎,谢艺贤编著.热带果树常见病虫害防治.化学工业出版社,2010

[3]郭书普编著.新版果树病虫害防治彩色图鉴.中国农业大学出版社,2010

[4]孙益知编著.果树病虫害生物防治.金盾出版社,2009

[5]黄增敏,刘绍凡编著.果树栽培与病虫害防治新技术.中国农业科学技术出版社,2011

[6]艾军,沈育杰编著.特种经济果树规范化高效栽培技术.化学工业出版社,2009

[7]贾敬贤编著.观赏果树及实用栽培技术.金盾出版社,2003

[8]傅秀红编著.果树生产技术.中国农业出版社,2007

[9]王少敏编著.果树套袋栽培配套技术.中国农业出版社,2007